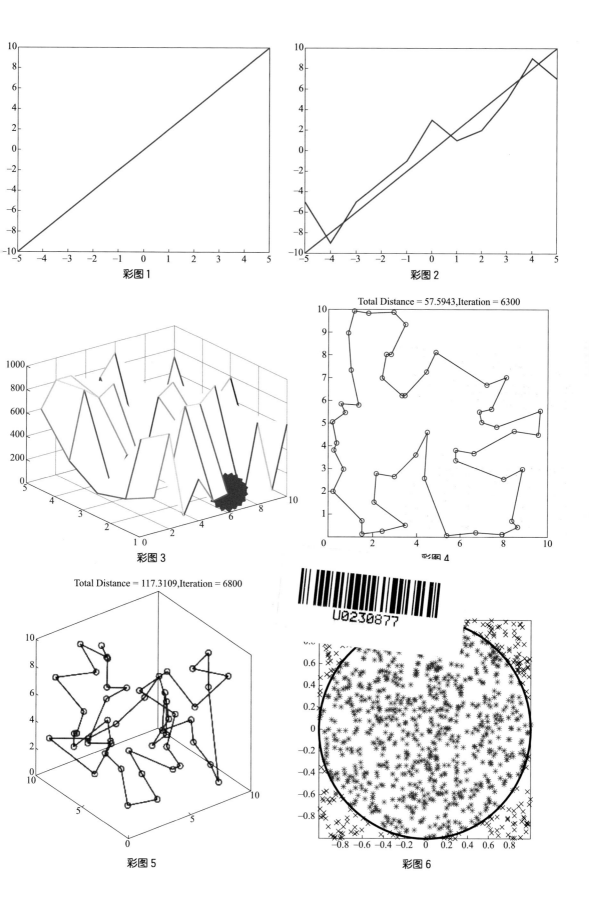

彩图1

彩图2

彩图3

彩图4

彩图5

彩图6

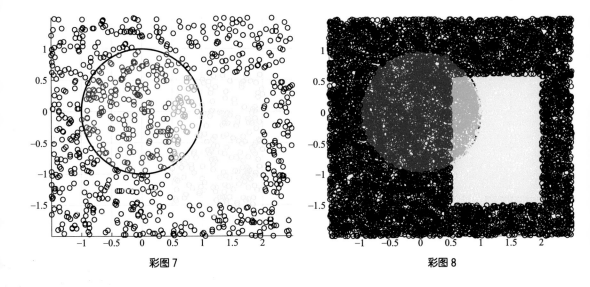

彩图 7

彩图 8

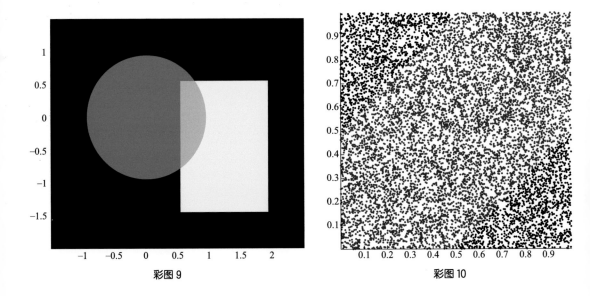

彩图 9

彩图 10

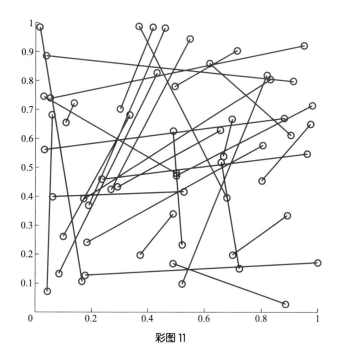

彩图 11

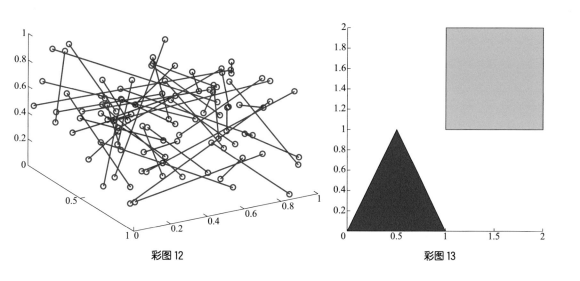

彩图 12

彩图 13

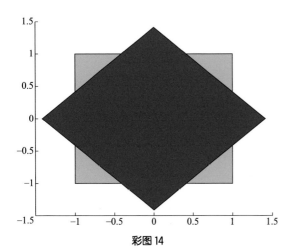

彩图 14

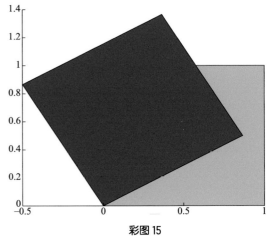

彩图 15

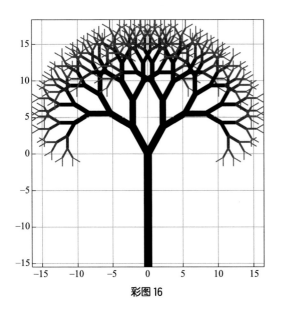

彩图 16

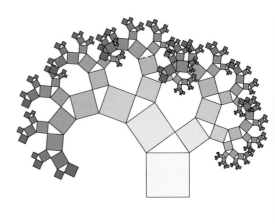

彩图 17

Coding Mathematics

编程数学

金玉子　主编

王　剑　李　亮　副主编

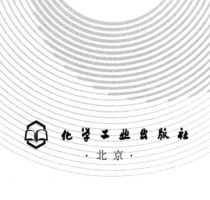

内容提要

《编程数学》通过数学和算法方面的编程案例，介绍了数学方法对解决生活中问题的帮助，例如消防所选址问题、旅行商问题、蒙特卡罗模拟法、分形构造问题等。本书对提出的问题在开拓计算思维的基础上精巧求解，注重编程算法思路的引导与技巧的综合运用，并展示程序运行结果。

本书适合编程零基础者参考阅读。

图书在版编目（CIP）数据

编程数学／金玉子主编．—北京：化学工业出版社，2020.7
ISBN 978-7-122-36082-3

Ⅰ.①编⋯ Ⅱ.①金⋯ Ⅲ.①程序设计 Ⅳ.①TP311.1

中国版本图书馆CIP数据核字（2020）第061625号

责任编辑：曾照华　　　　　　　　　　　文字编辑：林　丹　李小燕
责任校对：李雨晴　　　　　　　　　　　装帧设计：王晓宇

出版发行：化学工业出版社（北京市东城区青年湖南街13号　邮政编码100011）
印　　装：北京天宇星印刷厂
710mm×1000mm　1/16　印张8　彩插2　字数142千字　2020年10月北京第1版第1次印刷

购书咨询：010-64518888　　　　　　　　售后服务：010-64518899
网　　址：http://www.cip.com.cn

凡购买本书，如有缺损质量问题，本社销售中心负责调换。

定　价：42.00元　　　　　　　　　　　　　　　　　　　　　　　　　　版权所有　违者必究

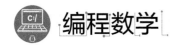

前言

　　这本《编程数学》是数学和编程代码的结合,体现了数学的严密性和计算机程序在短时间内进行大容量计算能力的融合效果。目前很多学生在学习数学这门重要却又枯燥而抽象的学科时,感到非常痛苦,因此,我们编写这本《编程数学》的初衷是让数学可实验、可感官、可理解。通过对编程数学的了解,学生能够进一步了解生活中常见的数学问题,以及学会如何用编程的方法来解决这些问题。本书通过不同类型的程序案例,帮助学生加深对数学概念和方法的理解,同时也培养了学生的编程算法思维和编程能力。

　　学生在用编写程序来解决问题的过程中,通过计算机的直观、具象化演绎,从原理和本质上把数学概念"吃透"。在求解的过程中,学生会学到很多超前的数学知识,慢慢形成一种同龄人不具备的高维解题视角能力,对数学概念的理解也更加深刻。另外,编程可以提升逻辑思维、演绎推理能力,这些也是学习数学的必备能力。

　　著名数学家李大潜教授说:"数学是一门重思考与理解、重严格的训练,是充满创造性的科学,只有掌握了数学的思想方法和精神实质,才能由不多的几个公式演绎出千变万化的生动结论,显示出无穷无尽的威力。"

　　编程也是如此,那些编程能力出色的学生,在解决问题的过程中,他们的思路会越来越清晰,慢慢就养成了计算机解决问题的思维。举个例子,在画圆、画正方形、画五角星的时候,那些通过使用计算机语言将圆、正方形、五角星画出来的学生要比单纯用手画出这些图形的学生具备更强的逻辑思维能力,同时培养了他们的高维解题能力,并使他们对几何数学概念的理解更加深刻。

　　本课程所使用的计算机语言为 Octave。Octave 为一种科学计算软件,它可以解决线性与非线性的数值运算问题,并可将计算结果可视化。

　　在本教材第 1 章,我们将介绍 Octave 的具体安装方法。在后面的几章中,介绍使用 Octave 软件来建立存在于我们生活中的数学模型,并使其得以运用,分别是第 2 章的消防所选址问题,第 3 章的旅行商问题,第 4 章的蒙特卡罗模拟法和第 5 章的分形构造问题。

　　最后,我们相信本书的出版能够在一定程度上推动我国数学编程教育的发展,并起到锻炼学生创造力和想象力、培养学生探索和创新精神以及启发学生独立思考能力的作用。

  由于自身的知识水平和认识水平有限，书中难免有不妥之处，恳请读者批评、指正。

编者
2020 年 3 月

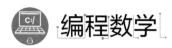

目录

第 1 章
Octave 的安装和使用
001

1.1　Octave 的下载 / 002
1.2　Octave 的安装 / 004

第 2 章
消防所选址问题
013

2.1　出租车距离的定义和例题 / 014
　　2.1.1　什么是出租车距离 / 014
　　2.1.2　出租车距离的计算方法 / 014
　　2.1.3　计算出租车距离 / 015
　　2.1.4　寻找 X 的最佳位置 / 016
　　2.1.5　引用坐标概念计算出租车距离 / 016
　　2.1.6　利用坐标计算出租车距离 / 017
　　2.1.7　将坐标一般化计算出租车距离 / 018
　　2.1.8　目的地数量众多时的出租车
　　　　　 距离计算 / 018
　　2.1.9　有没有更简单的方法 / 019
2.2　用 Octave 寻找消防所的最佳位置 / 019
　　2.2.1　本章中使用的 Octave 的语句 / 019
　　2.2.2　随机点与特定点的出租车距
　　　　　 离计算 / 026
　　2.2.3　寻找随机向量中的最小值 / 029
　　2.2.4　寻找随机矩阵中的最小值 / 031
　　2.2.5　寻找消防所的最佳位置 / 033

思考题 / 037

第 3 章
旅行商问题
039

3.1 什么是旅行商问题 / 040
3.2 用 Octave 找出快递的最短配送路径 / 042
    3.2.1 本章中使用的 Octave 的语句 / 042
    3.2.2 寻找快速配送路径 / 052
    3.2.3 最近处邻居算法 / 053
    3.2.4 利用遗传算法寻找最优路径 1 / 057
    3.2.5 利用遗传算法寻找最优路径 2 / 058

第 4 章
蒙特卡罗模拟法
067

4.1 概率：抛掷硬币、掷骰子 / 068
    4.1.1 抛掷硬币 / 068
    4.1.2 掷骰子 / 068
4.2 用 Octave 实现蒙特卡罗模拟 / 069
    4.2.1 蒙特卡罗模拟法 / 069
    4.2.2 计算机骰子制作 / 070
    4.2.3 飞镖游戏 / 073
    4.2.4 图形重叠区域面积的求解 / 075
    4.2.5 随机活动的国际象棋棋子的位置查找 / 081
    4.2.6 一维线段上任意两点之间的距离问题 / 085
    4.2.7 两点间距离的概率分布情况 / 088
    4.2.8 二维空间中两点间的距离问题 / 088
    4.2.9 两点间距离的概率分布情况 / 092
    4.2.10 三维空间中两点间的距离问题 / 092

第 5 章
分形构造问题

5.1 何谓分形 / 098
5.2 运用 Octave 以编码实现分形构造 / 098
    5.2.1 本章中使用的 Octave 的语句 / 098
    5.2.2 旋转矩阵 / 100
    5.2.3 递归函数 / 102
    5.2.4 三角形的旋转 / 104
    5.2.5 四边形的旋转 / 106
    5.2.6 六边形的旋转 / 109
    5.2.7 分形树 / 112
    5.2.8 直角三角形的相似比 / 115
    5.2.9 等比数列以及等比数列的和 / 115
    5.2.10 毕达哥拉斯树 / 116

参考文献 / 120

编程数学

第 1 章
Octave 的安装和使用

1.1 Octave 的下载

1.2 Octave 的安装

1.1 Octave 的下载

① 打开 Octave 的主页 https://www.gnu.org/software/octave/，点击"下载（Download）"按钮。

② 点击下载之后的基本页面会出现可选择的操作系统。如图 1-1 所示。

③ 选择和自己电脑匹配的操作系统。例如 Windows 操作系统就点击"Windows"按钮，在接下来出现的页面中点击 Link。

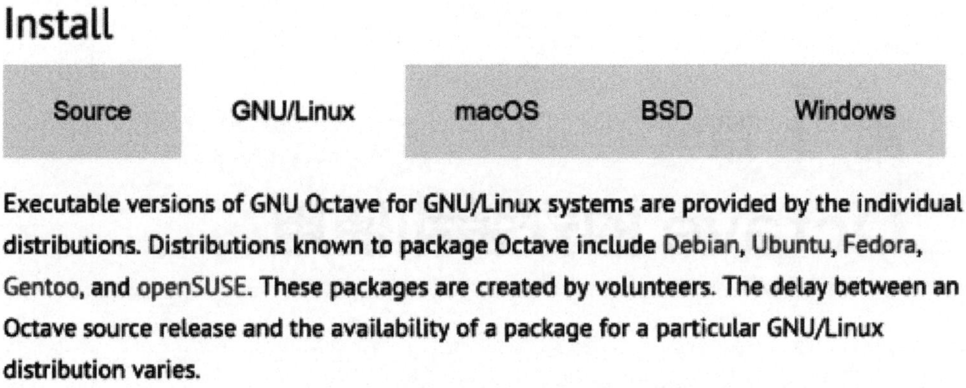

Install

| Source | GNU/Linux | macOS | BSD | Windows |

Executable versions of GNU Octave for GNU/Linux systems are provided by the individual distributions. Distributions known to package Octave include Debian, Ubuntu, Fedora, Gentoo, and openSUSE. These packages are created by volunteers. The delay between an Octave source release and the availability of a package for a particular GNU/Linux distribution varies.

图 1-1

④ 点击"Last modified"之后会出现一系列以时间顺序排列的文件，选择最新更新的版本的".exe"文件开始下载。这个时候要确认好自己的电脑系统是 32 位的还是 64 位的。若是 32 位则下载包含 *w32* 的文件，若是 64 位则下载包含 *w64* 的文件。本教材中下载使用了"octave-4.2.1-w64-installer.exe"。电脑系统为 32 位时要选择下载"octave-4.2.1-w32-installer.exe"。如图 1-2 所示。

Install

Windows binaries with corresponding source code can be downloaded from https://ftp.gnu.org/gnu/octave/windows/.

Index of /gnu/octave/windows

Name	Last modified	Size	Description
Parent Directory		-	
octave-4.2.1-w64.zip.sig	2017-02-24 09:00	95	
octave-4.2.1-w64.zip	2017-02-24 09:00	378M	
octave-4.2.1-w64-installer.exe.sig	2017-02-24 08:51	95	
octave-4.2.1-w64-installer.exe	2017-02-24 08:51	184M	
octave-4.2.1-w32.zip.sig	2017-02-24 08:46	95	
octave-4.2.1-w32.zip	2017-02-24 08:46	280M	
octave-4.2.1-w32-installer.exe.sig	2017-02-24 08:40	95	
octave-4.2.1-w32-installer.exe	2017-02-24 08:40	170M	

图 1-2

提示

确认电脑系统是 32 位还是 64 位,鼠标放在"我的电脑"的图标上点击右键,选择"属性",在出现的电脑系统页面中可以确认。如图 1-3 所示。

图 1-3

1.2 Octave 的安装

① 双击下载好的文件（"octave-4.2.1-w64-installer.exe"），这时，会跳出一个警告，询问安装程序是否对电脑操作系统进行完全测试，点击"是"，进入下一个阶段。如图 1-4 所示。

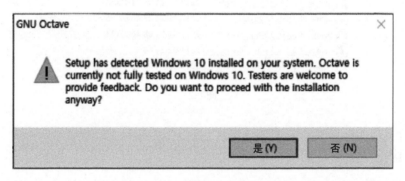

图 1-4

接下来会跳出"Java Runtime Environment 没有安装"的警告信息。点击"是"，继续进行。如图 1-5 所示。

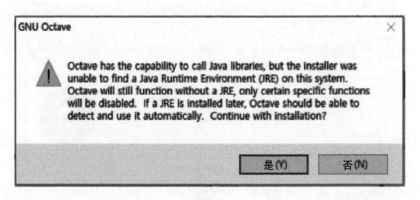

图 1-5

② 开始正式安装 Octave。点击"Next >"进入下一阶段。如图 1-6 所示。

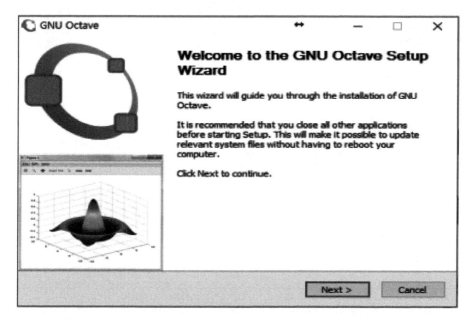

图 1-6

③ 出现程序许可协议的界面后,点击"Next >"进入下一阶段。如图 1-7 所示。

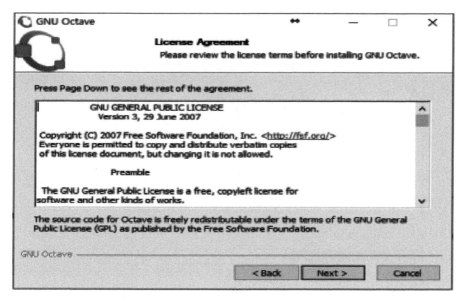

图 1-7

④ 出现程序设置的选项后,在基本程序前打钩,点击"Next >"继续进行。如图 1-8 所示。

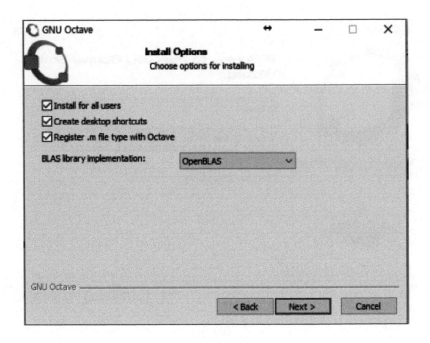

图 1-8

⑤ 要决定程序存放的位置了。默认自动出现的路径，点击"Install"，正式开始安装。如图 1-9、图 1-10 所示。

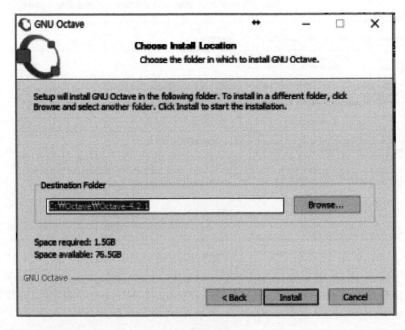

图 1-9

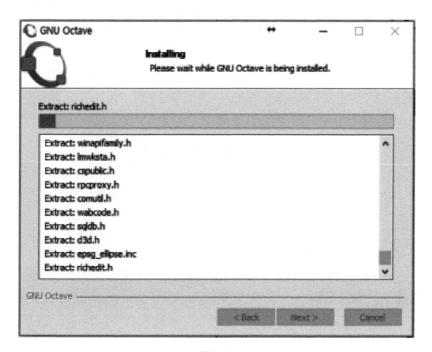

图 1-10

⑥ 当出现如图 1-11 所示的界面时，表示安装已完成。点击"Finish"，安装结束。

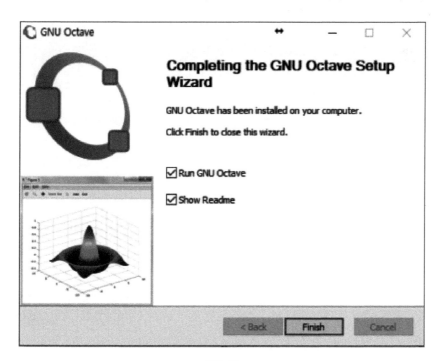

图 1-11

第 1 章　Octave 的安装和使用　　007

⑦ 程序安装结束后，可运行程序或关闭程序窗口重新打开运行。在桌面上可看到如图 1-12 所示的 Octave GUI 的图标，双击图标运行程序。

⑧ 初期设置。安装结束之后，运行程序目录中的 Octave(GUI)。在第一次使用 Octave 运行后即要完成初期设置。如图 1-13 所示。

图 1-12

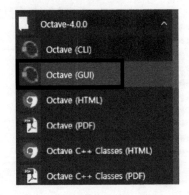

图 1-13

点击"Next"，进入下一步。如图 1-14 所示。

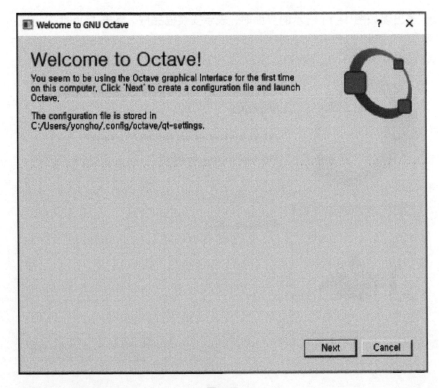

图 1-14

继续点击"Next",进入下一步。如图 1-15 所示。

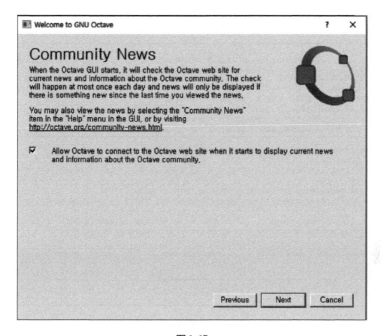

图 1-15

点击"Finish",完成设置。如图 1-16 所示。

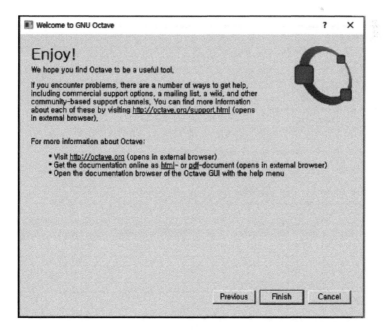

图 1-16

Octave 程序运行时会出现如图 1-17 所示的界面。

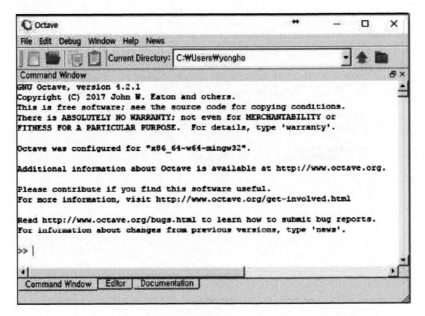

图 1-17

这个界面是 Command Window（命令窗口），可以运行简单的命令。

输入"3+5"，按下"Enter"键，会跳出"ans=8"。如图 1-18 所示。

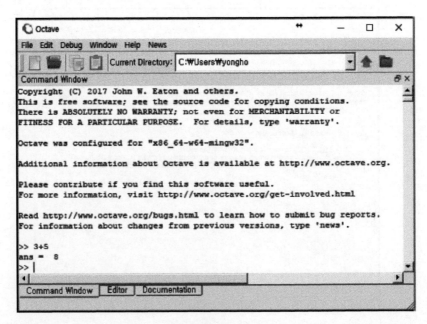

图 1-18

当要编写一段命令并将其以文件形式保存时，可点击程序下面的"Editor"按钮，如图 1-19 所示。

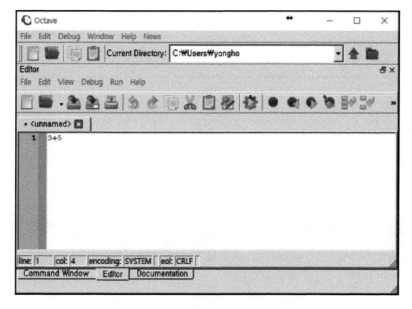

图 1-19

在 Editor 窗口中输入"3+5"，点击 按钮，文件另命名保存的信息会出现。这时以任意的英文名来命名文件，以"扩展名 .m"格式保存。比如"test.m"。如图 1-20 所示。

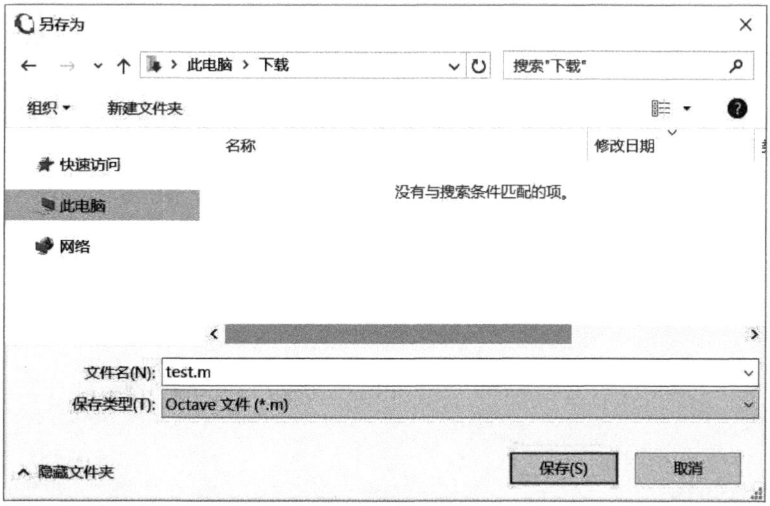

图 1-20

保存后，结果会出现在命令窗口中，结果如图 1-21 所示。

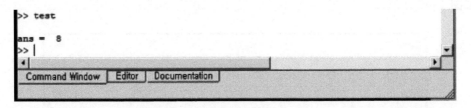

图 1-21

* 当前脚本文件路径名中不能出现汉字名称。Octave 不能识别汉字，当文件存储路径中出现汉字时，脚本将不能运行。

* 如 "error: ' TSPGA ' undefined near line 1 column 1" 类型的错误发生，程序不能运行时，在命令窗内输入如下命令，并按 "Enter" 键。

addpath(pwd)

这个命令可以将现在的文件包含在程序运行的路径中。

* 有未知的 error 发生时，终止 Octave，并重新运行。

* 在程序运行的过程中想要强制终止运行时，可以先按住键盘 "Ctrl" 键不松，并按下 "C" 键。

* 编程时，自己直接写代码并运行的这个过程很重要。虽然可能会因为失误引起程序的错误，但是找错误的这个过程是学到更扎实的编程技术的好机会。

编程数学

第 2 章
消防所选址问题

2.1 出租车距离的定义和例题

2.2 用 Octave 寻找消防所的最佳位置

2.1 出租车距离的定义和例题

2.1.1 什么是出租车距离

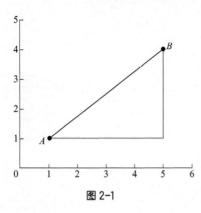

图 2-1

如图 2-1 所示,定义平面上的两个点分别为 A (x_1, y_1) 和 $B(x_2, y_2)$。我们知道,平面上两个点之间的最短距离为

$$d = \sqrt{(x_1 - x_2)^2 + (y_1 - y_2)^2}$$

但是,由于道路交通的制约,两地的距离不可能总是直线距离,因此将本例中出租车距离定义如下:

$$d_{\text{taxi}} = |x_1 - x_2| + |y_1 - y_2|$$

比如,$A(1,1)$ 和 $B(5,4)$ 之间的最短距离为

$$d = \sqrt{(5-1)^2 + (4-1)^2} = \sqrt{4^2 + 3^2} = \sqrt{25} = 5$$

根据出租车距离 d_{taxi} 的公式,得

$$d_{\text{taxi}} = |5 - 1| + |4 - 1| = 4 + 3 = 7$$

由上面例题可知,d_{taxi} 的值(7)要比 d 的值(5)大。通常,出租车距离大于或等于两点间的最短距离。接下来,我们要对出租车距离作进一步讨论。

2.1.2 出租车距离的计算方法

分别找出图 2-2 中 X 点到 A、B、C 点间的距离,并求出它们的和。

① X 到 A 的距离:在点 X 处向右走 3 格,再往上走 11 格,等于 14 格。

② X 到 B 的距离:在点 X 处向左走 7 格,再往下走 5 格,等于 12 格。

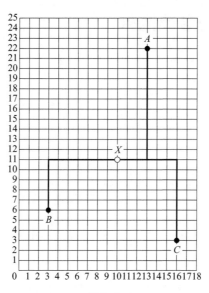

图 2-2

③ X 到 C 的距离：在点 X 处向右走 6 格，再往下走 8 格，等于 14 格。

④ 距离的总和：14+12+14=40。

2.1.3　计算出租车距离

分别找出图 2-3 中 X 点到 A、B、C 点间的距离，并求出它们的和。

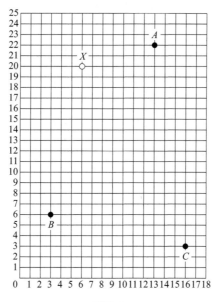

图 2-3

2.1.4　寻找 X 的最佳位置

在图 2-4 中找到一个 X 点，使得 X 点到 A、B、C 三点间的距离最小。

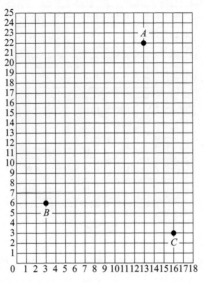

图 2-4

2.1.5　引用坐标概念计算出租车距离

理解坐标概念，用其分别计算图 2-5 中 X 点到 A、B、C 三点间的距离，并求出它们的和。

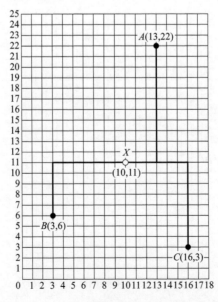

图 2-5

① X 到 A 的距离：点 A 的 x 坐标为 13，点 X 的 x 坐标为 10 $\Rightarrow$ |13-10|=3；点 A 的 y 坐标为 22，点 X 的 y 坐标为 11 $\Rightarrow$ |22-11|=11。

即 |13-10|+|22-11|=14。

② X 到 B 的距离：点 B 的 x 坐标为 3，点 X 的 x 坐标为 10 $\Rightarrow$ |3-10|=7；点 B 的 y 坐标为 6，点 X 的 y 坐标为 11 $\Rightarrow$ |6-11|=5。

即 |3-10|+|6-11|=12。

③ X 到 C 的距离：点 C 的 x 坐标为 16，点 X 的 x 坐标为 10 $\Rightarrow$ |16-10|=6；点 C 的 y 坐标为 3，点 X 的 y 坐标为 11 $\Rightarrow$ |3-11|=8。

即 |16-10|+|3-11|=14。

④ 距离的总和：14+12+14=40。

2.1.6 利用坐标计算出租车距离

理解坐标概念，用其分别计算图 2-6 中 X 点到 A、B、C 三点间的距离，并求出它们的和。

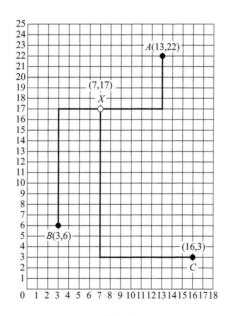

图 2-6

2.1.7　将坐标一般化计算出租车距离

将前面提到的问题中的坐标一般化，即 X 的坐标为 (a,b)，分别计算图 2-7 中 X 点到 A、B、C 三点间的距离，并求出它们的和。

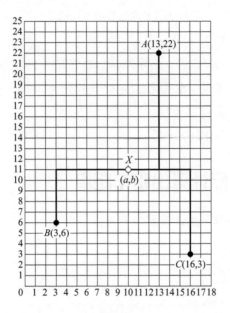

图 2-7

① X 到 A 的距离：点 A 的 x 坐标为 13，点 X 的 x 坐标为 $a \Rightarrow |13-a|$；点 A 的 y 坐标为 22，点 X 的 y 坐标为 $b \Rightarrow |22-b|$。

即 $|13-a|+|22-b|$。

② X 到 B 的距离：点 B 的 x 坐标为 3，点 X 的 x 坐标为 $a \Rightarrow |3-a|$；点 B 的 y 坐标为 6，点 X 的 y 坐标为 $b \Rightarrow |6-b|$。

即 $|3-a|+|6-b|$。

③ X 到 C 的距离：点 C 的 x 坐标为 16，点 X 的 x 坐标为 $a \Rightarrow |16-a|$；点 C 的 y 坐标为 3，点 X 的 y 坐标为 $b \Rightarrow |3-b|$。

即 $|16-a|+|3-b|$。

④ 距离的总和：$|13-a|+|22-b|+|3-a|+|6-b|+|16-a|+|3-b|$。

2.1.8　目的地数量众多时的出租车距离计算

当图 2-8 中的 X 坐标为 (7，19) 时，求 X 到所有目的地实心圆点的距离和。

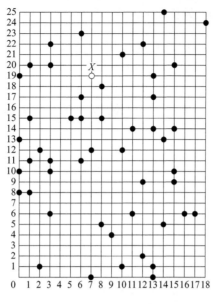

图 2-8

2.1.9 有没有更简单的方法

我们在计算出租车距离时,既要花费很多的时间还需要有足够的耐心。当目的地的数量数以万计时,手算出租车距离会显得不切实际。在后面的章节中,我们会介绍如何用编程的方法来解决这个问题。我们使用的软件是Octave,这是一款免费的计算机软件。

2.2 用 Octave 寻找消防所的最佳位置

2.2.1 本章中使用的 Octave 的语句

(1)循环语句

在所给定的条件下,循环语句可将指定的命令反复执行。

语法:

```
for 反复次数=初始值:最终值
    命令 1
    命令 2
     ⋮
end
```

初始值每增加 1 时和最终值进行比较,当小于或者等于最终值时,for-end 里的语句反复执行。

程序名:TestFor.m

```
clear
s=0;
for i=1:10
    i
    s=s+i;
end
s
```

程序说明:

```
clear
% 清理内存;
s=0;
% 求和参数 s 的初始值设定为 0
for i=1:10
    i
    s=s+i;
    % i 在循环体里面每进行一遍循环,i 的值加 1
    % 每一次循环在 s 中将 i 的值相加
end
s
% 输出从 1 到 10 的和
```

命令窗口输出结果:

```
i =   1
i =   2
i =   3
i =   4
i =   5
i =   6
i =   7
```

```
i = 8
i = 9
i = 10
s = 55
```

(2)条件语句

根据要求的条件,决定指定的命令是否执行。

语法:

```
if 条件语句
命令集合(条件语句为真的情况下的执行部分)
endif
```

程序名:TestIf.m

```
clear
s=100;
x=50;
if x<s
    s=x;
end
s
```

程序说明:

```
clear
% 清理内存
s=100;
x=50;
% 设定 s 的值为 100, x 的值为 50
if x<s
% 如果 x 的值比 s 小
   s=x;
% 将 x 的值赋给 s
end
s
% 输出 s 的值
```

命令窗口输出结果:

```
s = 50
```

（3）横线绘制

程序名：RowLine.m

```
clear; clf;
nx=18; ny=25;
for j=1:ny
    line([0 nx], [j j])
end
axis image
```

程序说明：

```
clear; clf;
% 清理工作区间和画图窗口
nx=18; ny=25;
for j=1:ny
% j 在循环体里面每进行一遍循环，j 的值加 1，直到 j 等于 25
  line([0 nx], [j j])
% 在循环体中，每循环一次，就绘制一条横线
end
axis image
% 修正画面比例
```

运行结果如图 2-9 所示。

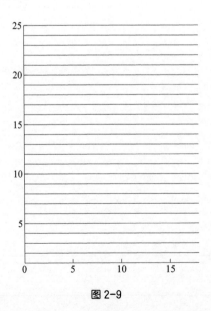

图 2-9

（4）竖线绘制

程序名：ColumnLine.m

```
clear; clf;
nx=18; ny=25;
for i=1:nx
    line([i i], [0 ny])
end
axis image
```

程序说明：

```
clear; clf;
% 清理工作区间和画图窗口
nx=18; ny=25;
for i=1:nx
% i 在循环体里面每进行一遍循环，i 的值加 1，直到 i 等于 18
    line([i i], [0 ny])
% 在循环体中，每循环一次，就绘制一条竖线
end
axis image
% 修正画面比例
```

运行结果如图 2-10 所示。

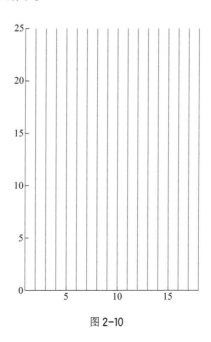

图 2-10

（5）网格线绘制（横线＋竖线）

程序名：RowColumnLine.m

```
clear; clf;
nx=18; ny=25;
for j=1:ny
    line([0 nx], [j j])
end
for i=1:nx
    line([i i], [0 ny])
end
axis image
```

程序说明：

```
clear; clf;
% 清理工作区间和画图窗口
nx=18; ny=25;
for j=1:ny
% j 在循环体里面每进行一遍循环，j 的值加 1,直到 j 等于 25
    line([0 nx], [j j])
% 在循环体中，每循环一次，就绘制一条横线
end
for i=1:nx
% i 在循环体里面每进行一遍循环，i 的值加 1,直到 i 等于 18
    line([i i], [0 ny])
% 在循环体中，每循环一次，就绘制一条竖线
end
axis image
% 修正画面比例
```

运行结果如图 2-11 所示。

（6）图像绘制

在画函数的二维图像时，可以使用 plot 函数。

语法：

plot(x,y,'线的形态符号','属性名',属性值)

x、y 是向量，x 向量里的元素个数和 y 向量里的元素个数要相同。

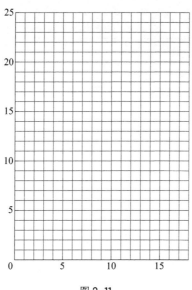

图 2-11

① 函数图像绘制。

程序名：TestPlot.m

```
clear; clf;
x = [-5 -4 -3 -2 -1 0 1 2 3 4 5];
y = [-10 -8 -6 -4 -2 0 2 4 6 8 10];
plot(x,y,'b-','linewidth',3)
```

程序说明：

```
clear; clf;
% 清理工作区间和画图窗口
x = [-5 -4 -3 -2 -1 0 1 2 3 4 5];
% 生成 x 轴数据
y = [-10 -8 -6 -4 -2 0 2 4 6 8 10];
% 生成 y 轴数据
plot(x,y,'b-','linewidth',3)
% 生成图像，颜色为蓝色，宽度为 3
```

运行结果如彩图 1 所示。

② 图像合并。

程序名：TestPlots.m

```
clear; clf;
x = [-5 -4 -3 -2 -1 0 1 2 3 4 5];
y1 = [-10 -8 -6 -4 -2 0 2 4 6 8 10];
y2 = [-5 -9 -5 -3 -1 3 1 2 5 9 7];
plot(x,y1,'b-','linewidth',3)
hold on
plot(x,y2,'r-','linewidth',3)
```

程序说明：

```
clear; clf;
% 清理工作区间和画图窗口
x = [-5 -4 -3 -2 -1 0 1 2 3 4 5];
% 生成 x 轴数据
y1 = [-10 -8 -6 -4 -2 0 2 4 6 8 10];
% 生成 y1 轴数据
y2 = [-5 -9 -5 -3 -1 3 1 2 5 9 7];
% 生成 y2 轴数据
plot(x,y1,'b-','linewidth',3)
% 设定第一条线的颜色为蓝色
hold on
% 保持之前的图形不变，将下面要画的图形画在与之前同一个图像上
plot(x,y2,'r-','linewidth',3)
% 设定第二条线的颜色为红色
```

运行结果如彩图 2 所示。

2.2.2 随机点与特定点的出租车距离计算

计算二维坐标系中随机点和特定点间的距离之和

设定 x、y 的范围，生成一个 x、y 轴都为整数的网格。用 randi 函数在网格上生成随机分布的 30 个点（可以有重复点），对应在 x 轴的 30 个整数和 y 轴的 30 个整数。用 plot 函数将其画在坐标轴中，计算 30 个点坐标 (i,j) 和特定点坐标 (i,j) 的出租车距离之和。

程序名： FindDistance.m

```
clear; clf; hold on
nx=18; ny=25;
for j=0:ny
    line([0 nx],[j j])
end
for i=0:nx
    line([i i],[0 ny])
end
NoH=30;
x=randi([0 nx],NoH,1);
y=randi([0 ny],NoH,1);
plot(x,y,' bo','linewidth',10)
i=5;j=12;
plot(i,j,' rs','linewidth',10)
axis image
d=0;
for k=1:NoH
    d=d+abs(x(k)-i)+abs(y(k)-j);
end
d
```

程序说明：

```
clear; clf; hold on
% 清理工作区间和画图窗口
nx=18; ny=25;
for j=0:ny
    line([0 nx],[j j])
% y=0,y=1,…,y=25,绘制与x轴平行的横线
end
for i=0:nx
    line([i i],[0 ny])
% x=0,x=1,…,x=18,绘制与y轴平行的竖线
end
NoH=30;
% 在画的网格点上随机安插30个点
x=randi([0 nx],NoH,1);
% 30个点的横坐标在0,1,2,…,18中
```

```
y=randi([0 ny],NoH,1);
% 30个点的纵坐标在0,1,2,…,25中
plot(x,y,'bo','linewidth',10)
% 在坐标轴中绘制1个方点，将其颜色设定为红色，宽度设定为10
i=5;j=12;
% 消防所位置
plot(i,j,'rs','linewidth',10)
axis image
d=0;
% 设定初始距离为0
for k=1:NoH
    d=d+abs(x(k)-i)+abs(y(k)-j);
end
% 生成的值为30个点和(i,j)的距离和。使用的是出租车距离公式 $d_{taxi}=|x_1-x_2|+|y_1-y_2|$ abs为绝对值命令语句
d
% 输出距离和
```

命令窗口输出结果：

```
d =    339
```

运行结果如图2-12所示。

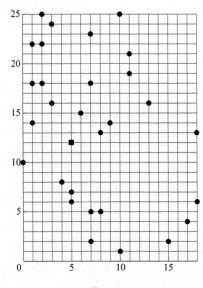

图2-12

图 2-12 中蓝色点（即圆点）为 30 个随机分布的点，红色点（即方点）为程序制定者设定的点。

2.2.3 寻找随机向量中的最小值

找出 30 个随机数中的最小值。

程序名：MinA.m

```
clear;clf;
n=30;
A=randi([1 1000],n,1)
s=1000;
for i=1:n
    if A(i)<s
        s=A(i);
        m=i;
    end
end
[s m]
clf;
plot(A,'linewidth',2); hold on
plot(m, A(m),'ro','linewidth',20)
```

程序说明：

```
clear; clf;
% 清理工作区间和画图窗口
n=30;
% 设定数据的个数为 30
A=randi([1 1000],n,1)
% 生成一个介于 1～1000 的含有 30 个数据的随机向量
s=1000;
% 设定最初的最小值为 1000
for i=1:n
% 对向量中的所有数据进行循环
    if A(i)<s
% 当向量中的值比当前最小值小时
        s=A(i);
```

```
        % 将最小值变更为当前向量中的值
            m=i;
        % 当前最小值所处向量中的位置
        end
end
[s m]
% 找出向量中的最小值及其所处位置
clf;
plot(A,'linewidth',2); hold on
% 画出 30 个随机点的位置
plot(m, A(m),'ro','linewidth',20)
% 画出最小值的位置
```

命令窗口输出结果：

```
A =
    44
   758
   660
   600
   227
   714
   725
   345
    33
   844
   771
   510
   707
   792
   331
   914
   577
   288
   267
   891
   367
   151
   947
```

```
      651
      983
      194
      829
      494
      591
       45
ans =   33      9
```

运行结果如图 2-13 所示。

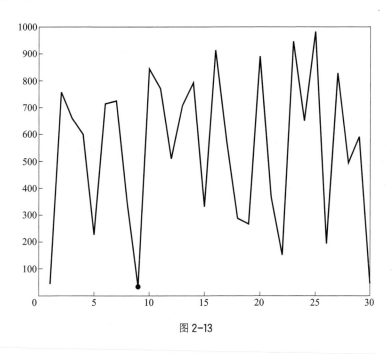

图 2-13

2.2.4 寻找随机矩阵中的最小值

找出 10 行 5 列的随机矩阵中的最小值。

程序名：MinB.m

```
clear; clf;
nx=10;
ny=5;
B=randi([1 1000], nx, ny)
mesh(B'); hold on
s=1000;
for i=1:nx
    for j=1:ny
        if B(i,j)<s
            s=B(i,j);
            mini=i;
            minj=j;
        end
    end
end
[mini minj s]
plot(mini,minj,'bo','linewidth',20)
```

程序说明：

```
clear;clf;
% 清理工作区间和画图窗口
nx=10; ny=5;
% nx 为行数
B=randi([1 1000], nx, ny)
% ny 为列数
mesh(B'); hold on
% 生成一个介于1～1000的10行5列的随机矩阵的图形
s=1000;
% 设定最初的最小值为1000
for i=1:nx
    for j=1:ny
        if B(i,j)<s
% 当矩阵中的值比当前最小值小时
            s=B(i,j);
% 将最小值变更为当前矩阵中的值
            mini=i;
% 当前最小值所处矩阵中的行位置
            minj=j;
% 当前最小值所处矩阵中的列位置
```

```
        end
    end
end
[mini minj s]
% 输出矩阵中的最小值及其所处位置
plot(mini,minj,'bo','linewidth',20)
% 画出最小值的位置
```

命令窗口输出结果：

```
B =
   301   174   107   270   598
   814   652   107   844   813
    77   499   368   741   815
   355   285   240   827    90
   133   831   347   183   732
   159   819   250    66   904
    63   939   388   611   453
   702     1   422   702    71
    87   641   641   112   242
   617     8   788    96   732
ans =   8     2     1
```

运行结果如彩图 3 所示。

2.2.5 寻找消防所的最佳位置

设定消防所的最佳位置。

若在一个 19×26 的网格中随机分布着 50 家住户（住户在网格中的位置可以重复），需要在网格上建设一个消防所，使消防所到所有住户的距离和最短。我们可以通过计算机程序轻松地找出消防所的最佳建设位置。

程序名：FireStationLocation.m

```
clear; figure(1); clf; hold on
nx=18; ny=25;
for j=0:ny
    line([0 nx],[j j])
end
```

```
    for i=0:nx
        line([i i],[0 ny])
    end
    NoH=50;
    x=randi([0 nx],NoH,1); y=randi([0 ny],NoH,1);
    plot(x,y,'ro','linewidth',10)
    for i=0:nx
        for j=0:ny
            d=0;
            for k=1:NoH
                d=d+abs(x(k)-i)+abs(y(k)-j);
            end
            fire(i+1,j+1)=d;
        end
    end
    s=(nx+ny)*NoH;
    for i=1:nx+1
        for j=1:ny+1
            if fire(i,j)<s
                s=fire(i,j);
                m=i; n=j;
            end
        end
    end
    plot(m-1,n-1,'bs','linewidth',30); axis image
    figure(2); clf; mesh(fire'); hold on
    plot(m,n,'b*','linewidth',30)
    axis([0 nx 0 ny 0 max(max(fire))])
```

程序说明:

生成一个以 x 轴坐标为 $x=0,1,2,\cdots,18$,y 轴坐标为 $y=0,1,2,\cdots,25$ 的网格。然后用 randi 函数随机设定 50 个点, 网格中的所有交叉点的数目为 19×26 个。计算这 19×26 个点 $(0,0),(1,0),\cdots,(18,0),(0,1),\cdots,(18,25)$ 分别到随机生成的 50 个点间的距离之和。这 19×26 个数据对应 19×26 的矩阵 fire。fire 矩阵中的最小值所对应的行和列即为最佳消防所的位置。

```
clear; figure(1); clf; hold on
nx=18; ny=25;
for j=0:ny
```

```
            line([0 nx],[j j])
    end
    for i=0:nx
        line([i i],[0 ny])
    end

    NoH=50;
    x=randi([0 nx],NoH,1); y=randi([0 ny],NoH,1);
    plot(x,y,'ro','linewidth',10)
    for i=0:nx
        for j=0:ny
            d=0;
            for k=1:NoH
                d=d+abs(x(k)-i)+abs(y(k)-j);
            end
% 计算随机点和特定点间的出租车距离
            fire(i+1,j+1)=d;
% 由于矩阵没有 0 行 0 列，故分别将 i+1 和 j+1 分别作为矩阵的行和列
        end
    end
% 将坐标轴中的所有点（0,0），(1,0)，…，(18,0)，(0,1)，…，(18,25) 分别
计算出租车距离，计算后的结果存储在 fire 矩阵的相应位置上
    s=(nx+ny)*NoH;
% 所有点的出租车距离都不会超过 (nx+ny)*NoH，最初将最小值设定为 (nx+ny)*NoH
    for i=1:nx+1
        for j=1:ny+1
            if fire(i,j)<s
                s=fire(i,j);
                m=i; n=j;
            end
        end
    end
% 找出矩阵中的最小值及其所处位置
    plot(m-1,n-1,'bs','linewidth',30); axis image
% 在之前生成的 50 家住户的图形上画上消防所的位置 [ 图中蓝色标记（即方点），大小
设定为 30]，由于之前在生成 fire 矩阵时行列都加了 1，因此这边要同时减 1
% 调整图形的比例
```

```
figure(2); clf; mesh(fire'); hold on
% 在图形窗口中生成figure(2)，画出的为19×26个点的出租车距离的三维图形。
fire'是fire的转置矩阵
plot(m,n,'b*','linewidth',30)
% 将最小出租车距离对应的坐标(m,n)所处位置画在三维图形figure(2)中，这个点
的位置即为消防所的最佳建设位置
axis([0 nx 0 ny 0 max(max(fire))])
```

命令窗口输出结果：

```
ans =    11    14    555
```

运行结果如图2-14和图2-15所示。

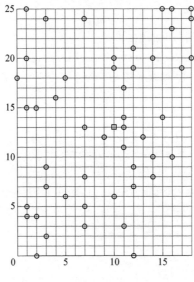

图2-14

图2-14中的50家住户[图中红色点（即圆点）]是用randi函数随机设定的。蓝色点（即方点）为消防所的最佳建设位置，使得所有住户到消防所的距离之和最短。

图2-15是19×26个点(0,0), (1,0), …, (18,0), (0,1), …, (18,25)分别到随机生成的50个点间的距离之和的图形。其中，黑色圆点为消防所的最佳位置，其到50家住户的距离之和最短。

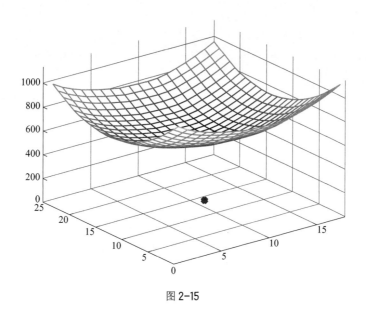

图 2-15

思考题

1. 假如村里有个湖,消防车去往住户家时需要绕道,这时程序应该怎么写?

2. 假如不是计算出租车距离而是计算几何距离,即点 $A(x_1, y_1)$ 和点 $B(x_2, y_2)$ 之间的最短距离,这时程序应该怎么写?

3. 假如不是求距离之和的最小值而是求距离平方和的最小值,消防所的最佳建设位置应该选在哪里?

提示

第 3 题将 FireStationLocation.m 程序中的

```
for k=1:NoH
    d=d+abs(x(k)-i)+abs(y(k)-j);
end
```

部分,改为

```
for k=1:NoH
    d=d+(x(k)-i)^2+(y(k)-j)^2;
end
```

即可。

编程数学

第3章
旅行商问题

3.1 什么是旅行商问题

3.2 用 Octave 找出快递的最短配送路径

为了高效地配送快递，配送时需要选择最短距离的路径。一天之内需要配送的物品有 200 件左右时，应如何制定配送顺序才能完成全部的配送呢？这个问题使我们联想到旅行商问题，而对于旅行商问题我们可以使用遗传算法（Genetic Algorithm）来解决。

3.1 什么是旅行商问题

给城市和城市之间赋予距离，每个城市只被访问一次时，回到第一个出发城市的最短路径是什么？旅行商问题（The Travelling Salesman Problem,TSP）就是推销员访问给出的所有城市并回到第一个出发城市时经历的最短路径的求解问题。但是，在求最短路径时存在几乎所有的路径都要一一确认的 NP-Hard(Nondeterministic Polynomial-Hard) 问题。同时，TSP 是在组合优化问题中经常研究的问题之一。如图 3-1 所示。

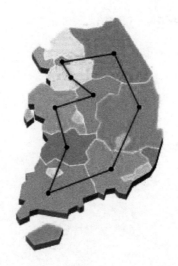

图 3-1

在图 3-2 中选择任意的点作为开始点，图中各点只能访问一次。画出回到开始点的最短配送路径。

图 3-2

在图 3-3 中选择任意的点作为开始点,图中各点只能访问一次。画出回到开始点的最短配送路径。

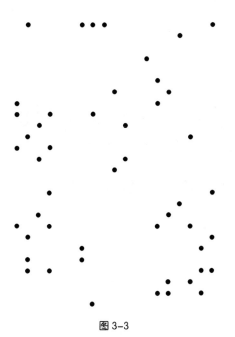

图 3-3

在图 3-4 中选择任意的点作为开始点,图中各点只能访问一次。画出回到开始点的最短配送路径。

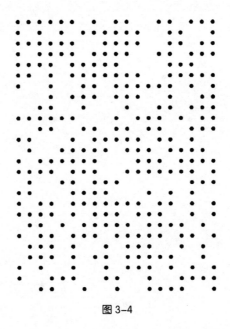

图 3-4

因为配送地众多,画出最优的配送路径是很困难的,我们可以使用计算机编程来解决。

3.2 用 Octave 找出快递的最短配送路径

3.2.1 本章中使用的 Octave 的语句

程序名:TestRandom.m

```
x = rand(5,1)
y = 10*rand(5,1)
```

程序说明:

```
x=rand(5,1)
% 任意生成 5 个 0~1 的小数,并存储在 x 向量中。
y=10*rand(5,1)
% 任意生成 5 个 0~1 的小数后,各元素和 10 相乘,存储在 y 向量中。
```

命令窗口输出结果：

```
x =
    0.7480
    0.0374
    0.7813
    0.3170
    0.4144
y =
    0.8790
    3.4938
    1.2942
    3.0433
    9.4622
```

程序名：TestPlot.m

```
Clear; clf;
x = [-5 -4 -3 -2 -1 0 1 2 3 4 5];
y = [-10 -8 -6 -4 -2 0 2 4 6 8 10];
plot(x,y,'b-','linewidth',3)
```

程序说明：

```
clear;clf;
% 清理工作区间和画图窗口
x = [-5 -4 -3 -2 -1 0 1 2 3 4 5];
% x 轴数据生成
y = [-10 -8 -6 -4 -2 0 2 4 6 8 10];
% y 轴数据生成
plot(x,y,'b-','linewidth',3)
  % 输出图像，线：蓝色，宽度：3
```

图像结果如彩图 1 所示。

程序名：TestPlot.m

```
clear; clf;
x = [-5 -4 -3 -2 -1 0 1 2 3 4 5];
y1 = [- 10 -8 -6 -4 -2 0 2 4 6 8 10];
y2 = [-5 -9 -5 -3 -1 3 1 2 5 9 7];
plot(x,y1,'b-','linewidth',3)
hold on
```

```
plot(x,y2,'r-','linewidth',3)
```

程序说明：

```
clear;clf;
% 清理工作区间和画图窗口
x = [-5 -4 -3 -2 -1 0 1 2 3 4 5];
% x 轴数据生成
y1 = [-10 -8 -6 -4 -2 0 2 4 6 8 10];
% 第一组 y₁ 轴数据生成
y2 = [-5 -9 -5 -3 -1 3 1 2 5 9 7];
% 第二组 y₂ 轴数据生成
plot(x,y1,'b-','linewidth',3)
% 第一组数据用蓝色绘制
hold on
% 保持之前的图形不变，将下面要画的图形画在与之前同一个图像上
plot(x,y2,'r-','linewidth',3)
% 第二组 y₂ 轴数据用红色绘制
```

图像结果如彩图 2 所示。

程序名：TestOnes.m

```
ones(5,1)
```

程序说明：

```
ones(5,1)   % 生成含有 5 个元素，每个元素值为 1 的向量
```

命令窗口输出结果：

```
ans =
    1
    1
    1
    1
    1
```

程序名：TestFor.m

```
clear
s=0;
for i=1:10
    i
```

```
        s=s+i;
end
s
```

程序说明：

```
clear % 清理内存
s=0; % 设定 s 的值为 0
for i=1:10
i
s=s+i;
% i 在循环体里面每进行一遍循环，i 的值加 1，直到 i 等于 10
% s 上加 i 的值，并重新定义 s 的值
end
s % 输出 1～10 的和 s
```

命令窗口输出结果：

```
i =
    1
i =
    2
i =
    3
i =
    4
i =
    5
i =
    6
i =
    7
i =
    8
i =
    9
i =
   10
s =
   55
```

程序名：TestSqrt.m

```
clear
s=sqrt(2)
```

程序说明：

```
clear
% 清理内存
s=sqrt(2)
% 输出 2 的平方根
```

命令窗口输出结果：

```
s =
    1.4142
```

程序名：TestIf1.m

```
clear
s=100;
x=50;
if x<s
    s=x;
end
s
```

程序说明：

```
clear
% 清理内存
s=100;
x=50;
% 设定 s 的值为 100,x 的值为 50
if x < s
% 如果 x 的值比 s 小
s=x;
% 将 x 的值赋给 s
end
s
% 输出 s 的值
```

命令窗口输出结果：

```
s =
    50
```

程序名：TestIf2.m

```
clear
s=100;
x=50;
if x>s
    s=x;
else
    s=2*s;
end
s
```

程序说明：

```
clear
% 清理内存
s=100;
x=50;
% 设定 s 的值为 100,x 的值为 50
if x>s
% 如果 x 的值比 s 大
s=x;
% 将 x 的值赋给 s
else
s=2*s
% s 的值为 2*s
end
s
% 输出 s 的值
```

命令窗口输出结果：

```
s =
    200
```

程序名：TestIf3.m

```
clear
flag=-1;
s=100;
x=50;
if x<s && flag>0
    s=x;
end
s
```

程序说明：

```
clear
% 清理内存
flag=-1;
% flag 的值为 -1
s=100;
x=50;
% 设定 s 的值为 100, x 的值为 50
if x < s && flag > 0
% 如果 x 的值比 s 小, 并且 flag 的值比 0 大
s=x;
% 将 x 的值赋给 s
end
s
% 输出 s 的值
```

命令窗口输出结果：

```
s =
    100
```

程序名：MatrixA.m

```
clear;
for i=1:5
    for j=1:5
        A(i,j)=i+j;
    end
end
A
```

程序说明：

```
clear
% 清理内存
for i=1:5
% i 在循环体里面每进行一遍循环，i 的值加 1，直到 i 等于 5
for j=1:5
% j 在循环体里面每进行一遍循环，j 的值加 1，直到 j 等于 5
A(i,j)=i+j;
%A 的（i,j）位置中存储 i+j 的值
end
A
% 输入 5×5 矩阵 **A** 的所有值
```

命令窗口输出结果：

```
A =
     2     3     4     5     6
     3     4     5     6     7
     4     5     6     7     8
     5     6     7     8     9
     6     7     8     9    10
```

程序名：RandomPerm.m

```
randperm(5)
```

程序说明：

```
randperm(5)
%1～5 的自然数随机排列生成
```

命令窗口输出结果：

```
ans =
     3     4     5     1     2
```

程序名：RandomPerm2.m

```
A(1,1:5)=randperm(5)
A(2,1:5)=randperm(5)
```

程序说明：

```
A(1,1:5)=randperm(5)
%1～5的自然数随机排列生成后,赋在矩阵A的第一行中
A(2,1:5)=randperm(5)
%1～5的自然数随机排列生成后,赋在矩阵A的第二行中
```

命令窗口输出结果:

```
A =
     1     3     4     5     2
A =
     1     3     4     5     2
     2     5     1     4     3
```

程序名：MinimumA.m

```
A=[3 9 5 2 7]
[minA, idx] = min(A)
A(idx)
```

程序说明：

```
A=[3 9 5 2 7]
%定义行列式A
[minA, idx] = min(A)
%输出A中的最小值(minA)和相应的A的索引值(idx)
A(idx)
%输出A的索引(idx)位置上元素的值
```

命令窗口输出结果:

```
A =
     3     9     5     2     7
minA =
     2
idx =
     4
ans =
     2
```

程序名：TestSort.m

```
A=[3 9 5 2 7]
sort(A)
```

程序说明：

```
A=[3 9 5 2 7]
%定义行列式A
sort(A)
%对A中的元素们进行递增排序
```

命令窗口输出结果：

```
A =
     3    9    5    2    7
ans =
     2    3    5    7    9
```

程序名：TestCeil.m

```
A=[3.2 9.8]
ceil(A)
```

程序说明：

```
A=[3.2 9.8]
%定义行列式A
ceil(A)
%输出A中的元素四舍五入后的结果
```

命令窗口输出结果：

```
A =
    3.2000    9.8000
ans =
     4    10
```

程序名：Testswitch.m

```
clear
k=2
s=10;
switch k
    case 2
        s=20;
    case 3
        s=30;
```

```
        case 4
            s=40;
    end
    s
```

程序说明：

```
clear
% 清理内存
k=2
% k 的值为 2
s=10;
% s 的值为 10
switch k
% 根据 k 分别在以下情况下执行命令
case 2
% 如果 k 的值为 2，s=20
s=20;
case 3
% 如果 k 的值为 3，s=30
s=30;
case 4
% 如果 k 的值为 4，s=40
s=40;
end
s
```

命令窗口输出结果：

```
k =
     2
s =
    20
```

3.2.2　寻找快速配送路径

今天一天之内需要配送的物件有 50 个左右。整理好配送顺序，用最短距离进行配送。

3.2.3 最近处邻居算法

给出两点 $V_1(x_1, y_1), V_2(x_2, y_2)$，利用勾股定理可以求出两点之间的距离如下：

$$d(V_1, V_2) = \sqrt{(x_1-x_2)^2 + (y_1-y_2)^2}$$

TSP 问题的目标是，在给出 n 个位置 $V_1(x_1, y_1), V_2(x_2, y_2), \cdots, V_n(x_n, y_n)$ 时，寻找将以下值最小化的路径。

$$\text{TSP} = d(V_{\sigma_n}, V_{\sigma_1}) + \sum_{i=1}^{n-1} d(V_{\sigma_i}, V_{\sigma_{i+1}})$$

这里，$\sigma = \{\sigma_1, \sigma_2, \cdots, \sigma_n\}$，它是 n 个配送地 $\{1, 2, \cdots, n\}$ 的排列。
TSP 路径示例如图 3-5 所示。

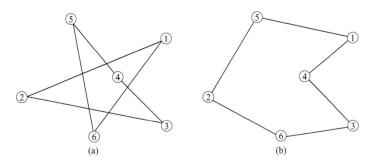

图 3-5

利用最近邻居算法，寻找通过 6 个配送地 $\{1, 2, \cdots, 6\}$ 的最优路径。
图 3-5（a）中，配送地号码按照顺序经过的路径排列 σ 为

$$\sigma = \{\sigma_1, \sigma_2, \sigma_3, \sigma_4, \sigma_5, \sigma_6\} = \{1, 2, 3, 4, 5, 6\}$$

路径为（1→2→3→4→5→6）。
图 3-5（b）中，利用最近邻居算法求得的路径排列 σ 为

$$\sigma = \{\sigma_1, \sigma_2, \sigma_3, \sigma_4, \sigma_5, \sigma_6\} = \{6, 3, 4, 1, 5, 2\}$$

路径为（6→3→4→1→5→2）。
如果考虑 n 个配送地可以排列出的所有路径的话，首先通过圆形排列的方法有 $(n-1)!$ 个，不考虑访问顺序的话有 $(n-1)!/2$ 个。$n=100$ 时，所有路径的总数会极大（如下所示）。即使是利用计算机计算，也需要消耗相当长的时间。

$$\frac{(100-1)!}{2} = 99 \times 98 \times 97 \times \cdots \times 4 \times 3$$
$$= 46663107721972076340849619428133350$$
$$24535798413219081073429648194760879$$
$$99966149578044707319880782591431 2684$$
$$89604136118791255926054584320000000$$
$$00000000000000$$

所以，当 n 的值大到一定的程度时，比起计算可能经过的所有的路径，更需要具有效率性的算法。利用最近邻居方法，选择从邮局出发到离邮局最近的点，然后从这个点寻找离其最近的下一个点，以此类推。

程序名：TSP.m

```
clear; clf; hold on
NoH=50;
x=10*rand(NoH,1);
y=10*rand(NoH,1);
plot(x,y,'ro','linewidth',5)
flag=ones(NoH,1);
xx(1)=x(1);
yy(1)=y(1);
flag(1)=-1;
ordering(1)=1;
for k=1:NoH-1
    s=10000;
    for i=2:NoH
        d=sqrt((x(i)-xx(k))^2+(y(i)-yy(k))^2);
        if d<s && flag(i)>0
            s=d;
            j=i;
        end
    end
    ordering(k+1)=j;
    xx(k+1)=x(j);
    yy(k+1)=y(j);
    flag(j)=-1;
end
plot(xx,yy,'linewidth',3)
axis image;
```

```
box on ss=0;
for i=1:NoH-1
    ss=ss+sqrt((xx(i+1)-xx(i))^2+(yy(i+1)-yy(i))^2);
end
ss=ss+sqrt((xx(NoH)-xx(1))^2+(yy(NoH)-yy(1))^2)
```

程序说明：

```
clear; clf; hold on
% 清理内存和工作窗口，保持之前图形不变
NoH=50
% 全部的配送地个数
x=10*rand(NoH,1)
% 生成 NoH 个 0~10 的随机值为 x 的坐标
y=10*rand(NoH,1);
% 生成 NoH 个 0~10 的随机值为 y 的坐标
plot(x,y,'ro','linewidth',5)
% 用红色表示配送地的位置
flag=ones(NoH,1);
% 设置变数 flag，目前还未访问的配送地为 1，已访问的配送地为 -1。初始值设置为 1
xx(1)=x(1);
yy(1)=y(1);
% 指定开始配送的地点
flag(1)=-1;
% 起点因为已经访问过，所以 flag=-1
ordering(1)=1;
% 将起点存储为 1 号配送地
for k=1:NoH-1
% 从 1 号配送地开始到 NoH 为止反复运行
s=10000;
% 为了找到最近的下一个配送地，将初始值设为较大的值
for i=2:NoH
% 因为 1 号配送地已经选择为路径，所以从 2 号配送地开始到 NoH 配送地为止进行探索
d=sqrt((x(i)-xx(k))^2+(y(i)-yy(k))^2);
% 从当前的配送地位置（xx(k),yy(k)）开始计算距离
if d<s && flag(i)>0
% 如果距离比之前到其他配送地的距离近，并且还未被选择包含到路径里时
s=d
% 将更小的值赋给 s
j=i;
```

```
% 此时配送地的号码赋给 j
    end
  end
  ordering(k+1)=j;
  % 将 j 配送地包含到路径中
  xx(k+1)=x(j);
  % j 配送地的 x 坐标赋值
  yy(k+1)=y(j);
  % j 配送地的 y 坐标赋值
  flag(j)=-1;
end
plot(xx,yy,'linewidth',3)
% 将找到的路径绘制
axis image; box on
ss=0;
for i=1:NoH-1
  ss=ss+sqrt((xx(i+1)-xx(i))^2+(yy(i+1)-yy(i))^2);
end
ss=ss+sqrt((xx(NoH)-xx(1))^2+(yy(NoH)-yy(1))^2)
% 计算找到的路径的长度
```

命令窗口输出结果：

```
ss =
   63.5750
```

图像结果如图 3-6 所示。

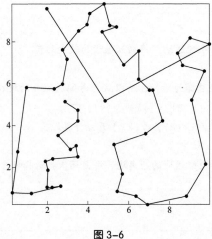

图 3-6

红色点（图中圆点）是随机抽取的 50 个配送地。从起点开始，向最近的点移动，并按照顺序连接为路径。这个算法的缺点是路径查找时后半部分的结果不尽如人意，下面再来考虑一下更好的算法。

3.2.4 利用遗传算法寻找最优路径 1

遗传算法（Genetic Algorithm）是以生物的遗传和进化机制（达尔文的"适者生存"）为基础解决最优化问题的算法。本书使用在多种遗传算法中较为简单的算法。
遗传算法的核心运算过程如下所示。
① 选择运算：从父母基因中选择最优的遗传因子的运算。
② 突变运算：变更遗传因子顺序的运算。
本书中会使用简单的突变运算，例如翻转 (Flip), 交换（Swap），滑动（Slide）。
a. 翻转：从染色体中选择一部分，将其顺序进行置换。如图 3-7 所示。

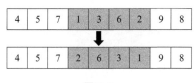

图 3-7

例：根据翻转的规则将图 3-8 的空格填满。

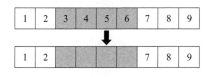

图 3-8

b. 交换：从染色体中选择其中两个，对其进行相互交换。如图 3-9 所示。

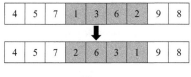

图 3-9

例：利用交换的规则将图 3-10 中的空格填满。

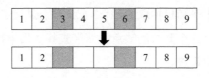

图 3-10

c. 滑动：从染色体中选择一部分，将最左的染色体放置到该部分的最后位置，其余染色体向前移动一格。如图 3-11 所示。

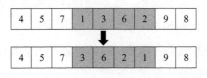

图 3-11

例：根据滑动的规则将图 3-12 中的空格填满

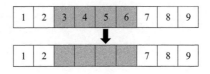

图 3-12

3.2.5 利用遗传算法寻找最优路径 2

两个配送地之间的距离，如图 3-13 所示。

	1	2	3	4	5	6	7	8	9
1	0	6.07	8.76	5.08	6.75	6.36	6.43	3.98	2.52
2	6.07	0	3	6.61	3.15	5.67	4.25	6.14	7.81
3	8.76	3	0	9.54	5.42	8.34	4.44	7.7	10.7
4	5.08	6.61	9.54	0	4.73	2.18	9.56	8.63	4.11
5	6.75	3.15	5.42	4.73	0	3.03	7.32	8.41	7.53
6	6.36	5.67	8.34	2.18	3.03	0	9.35	9.29	6.05
7	6.43	4.25	4.44	9.56	7.32	9.35	0	3.74	8.89
8	3.98	6.14	7.7	8.63	8.41	9.29	3.74	0	6.43
9	2.52	7.81	10.7	4.11	7.53	6.05	8.89	6.43	0

图 3-13

(1)遗传算法：初期

如图 3-14 所示，图中带圆圈的数字是随机抽取的 9 个配送地。在生成的四条路径中选择其中最短的路径。如图 3-15 所示。

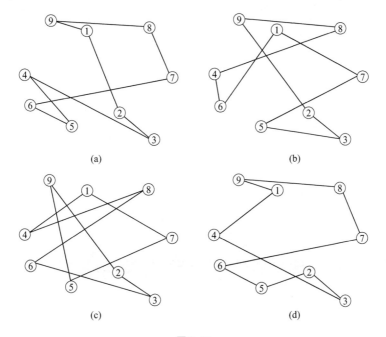

图 3-14

1	2	3	4	5	6	7	8	9	TSP = 48.40
6	1	7	5	3	2	9	8	4	TSP = 53.58
9	5	7	1	4	8	6	3	2	TSP = 63.42
8	9	1	4	3	2	5	6	7	TSP = 45.83

图 3-15

(2)遗传算法：运行一次

图 3-16（a）为初期路径中最短路径，图 3-16（b）为从图 3-16（a）的路径中随机选择其中两个配送地（4 号，8 号）并进行翻转运算，图 3-16（c）为进行交换运算，图 3-16（d）为进行滑动运算。结果如图 3-17 所示。

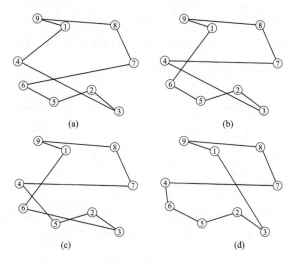

图 3-16

8	9	1	4	3	2	5	6	7	TSP = 45.83
8	9	1	6	5	2	3	4	7	TSP = 47.33
8	9	1	6		3	2	5	4	7	TSP = 47.83
8	9	1	3	2	5	6	4	7	TSP = 42.37

图 3-17

（3）遗传算法：运行 10000 次

图 3-18（a）为遗传算法运行 10000 次后的最短路径，图 3-18（b）为从图 3-18（a）的路径中随机选择其中两个配送地（1 号，5 号）并进行翻转运算，图 3-18（c）为进行交换运算，图 3-18（d）为进行滑动运算。

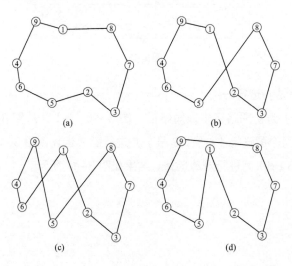

图 3-18

程序名：TSPGA.m

```
clear; figure(1); clf
n = 50;
dims=2;
xy = 10*rand(n,dims);
numIter = 10000;
for i=1:n
    for j=1:n
        dmat(i,j)=sqrt(sum((xy(i,:)-xy(j,:)).^2));
    end
end
routes(1,:) = [1:n];
for k = 2:4
    routes(k,:) = randperm(n);
end
globalMin = Inf;
for iter = 1:numIter
    for p = 1:4
        d = dmat(routes(p,n),routes(p,1));
        for k = 2:n
            d = d + dmat(routes(p,k-1),routes(p,k));
        end
        totalDist(p) = d;
    end
    [minDist,idx] = min(totalDist);
    distHistory(iter) = minDist;
    if minDist < globalMin && mod(iter,100)==0
        globalMin = minDist;
        rte = routes(idx,:);
        rte = rte([1:n 1]);
        xx=xy(rte,1);
        yy=xy(rte,2);
        if dims < 3
            plot(xx,yy,'ro','linewidth',1.5);
            hold on;
            plot(xx,yy,'b-','linewidth',1.5);
            hold off;
        else zz=xy(rte,3);
            plot3(xx,yy,zz,'ro','linewidth',1.5);
```

```
                hold on;
                plot3(xx,yy,zz,'b-','linewidth',1.5);
                hold off;
                box on
            end
            title(sprintf('Total Distance = %1.4f, Iteration = %d',minDist,iter));
            axis square
            pause(0.1)
        end
        [ignore,idx] = min(totalDist); bestOf4Route = routes(idx,:);
        routeInsertionPoints = sort(ceil(n*rand(1,2)));
        I = routeInsertionPoints(1);
        J = routeInsertionPoints(2);
        for k = 1:4
            routes(k,:) = bestOf4Route;
            switch k
                case 2
                    routes(k,I:J) = routes(k,J:-1:I);
                case 3
                    routes(k,[I J]) = routes(k,[J I]);
                case 4
                    routes(k,I:J) = routes(k,[I+1:J I]);
            end
        end
    end
figure(2);
clf;
plot(distHistory,'o-')
```

程序说明：

```
clear; figure(1); clf;
% 清理内存并初始化显示路径的图一
n=50
% 全部的配送地个数
dims=2;
% 空间维度：2是二维空间，3是三维空间
xy = 10*rand(n,dims);
```

```
% 在 dims=2 的情况下,随机生成的 n 个值在二维空间 [0,10]*[0,10] 中选择,
dims=3 时,随机生成的 n 个值在三维空间 [0,10]*[0,10]*[0,10] 中选择
numIter = 10000;
% 总循环次数
for i=1:n
    for j=1:n
        dmat(i,j)=sqrt(sum((xy(i,:)-xy(j,:)).^2));
        % 配送地 i 与配送 j 之间的距离
    end
end
routes(1,:) = [1:n];
% 初始路径的设定为从 1 号配送地开始,按顺序对 2, 3, …, n 号配送地进行访问
for k = 2:4
    routes(k,:) = randperm(n);
    % 初始路径中增加三个随机排列
end
globalMin = Inf;
% 为了找到最小距离的最优路径,用于检测的变数初期值设置为大的数值
for iter = 1:numIter
    % 按照指定的反复次数执行句读
    for p = 1:4
        % 分别对四条路径保存路径长度
        d = dmat(routes(p,n),routes(p,1));
        % 路径封闭为环形,即路径最后的配送地会回到起始的配送地。因此,最后的配送地和起始配送地的距离合并
        for k = 2:n
            d = d + dmat(routes(p,k-1),routes(p,k));
            %k-1 号配送地和 k 号配送地的距离累计合算
        end
        totalDist(p) = d;
        % 存储各路径的长
    end
    [minDist,idx] = min(totalDist);
    % 找出四条路径中最短路径的长度和该路径的索引值
    distHistory(iter) = minDist;
    % 每反复一次时,存储四条路径中的最小路径长度
    if minDist < globalMin && mod(iter,100)==0
        % 如果四条路径中的最小值比之前的最小值更小,并且反复的次数为 100 的倍数时
        globalMin = minDist;
```

```matlab
% 之前最小值更新为最新计算的最小值
rte = routes(idx,:);
% 选择四条路径中的最小路径
rte = rte([1:n 1]);
% 为了绘制闭合的路径，在最后的位置中增加起始坐标的值
xx=xy(rte,1);
% 路径的 x 坐标赋值
yy=xy(rte,2);
% 路径的 y 坐标赋值
if dims < 3
% 空间维度为二维空间时
plot(xx,yy,'ro','linewidth',1.5);hold on;
% 用红色表示配送地的位置，并保持画面状态
plot(xx,yy,'b-','linewidth',1.5); hold off;
% 绘制路径，'b-' 为蓝色（b）的符号用线（-）连接。线的宽度为 1.5，画面保持的状态解除
else
% 当不是二维空间，而是三维空间时
zz=xy(rte,3);
% 路径的 z 轴赋值
plot3(xx,yy,zz,'ro','linewidth',1.5);hold on;
% 用红色表示配送地的位置，并保持画面状态
plot3(xx,yy,zz,'b-','linewidth',1.5);hold off;
% 绘制路径，'b-' 为蓝色（b）的符号用线（-）连接。线的宽度为 1.5，画面保持的状态解除
box on
% 在图中绘制箱子
end
title(sprintf('Total Distance = %1.4f, Iteration = %d',minDist,iter));
% 在图像的标题上标注距离和反复次数
axis square
% 图像的尺寸为正四边形
pause(0.1)
% 图像绘制时间隔 0.1
end
% 目前为止为绘制图像的部分，以下为遗传算法应用的部分
bestOf4Route = routes(idx,:);
% 路径中的最优路径选择为长度最短的路径
```

```
routeInsertionPoints = sort(ceil(n*rand(1,2)));
% 随机选择两个配送地进行递增排序
I = routeInsertionPoints(1);
% 两个随机配送地中的号码小的配送地
J = routeInsertionPoints(2);
% 两个随机配送地中的号码大的配送地
for k = 1:4
routes(k,:) = bestOf4Route;
% 最优路径选择后，放置在第一个路径中。为了找出更好的路径，对剩下的三个路径进行变更
switch k
case 2 % Flip
routes(k,I:J) = routes(k,J:-1:I);
% 第二条路径是将最优路径中 I 号配送地与 J 号配送地之间的路径进行翻转
case 3 % Swap
routes(k,[I J]) = routes(k,[J I]);
% 第三条路径是将最优路径中 I 号配送地与 J 号配送地的顺序交换
case 4 % Slide
routes(k,I:J) = routes(k,[I+1:J I]);
% 第四条路径是按顺序将最优路径中 I 号配送地移动到 I+1 号配送地，I+1 号配送地移动到 I+2 号配送地，……，J-1 号配送地移动到 J 号配送地。J 号配送地最后变更到 I 号配送地的位置
end
end
end
figure(2); clf; plot(distHistory,'o-')
% 图二是将之前的图像清除，绘制总循环中最小距离的路径图
```

二维空间路径最终结果如彩图 4 所示。

二维空间：红色圆是随机抽取的 50 个配送地。利用遗传算法，在经过 50 个配送地并回到起始地是经过的最优路径。

二维空间总距离结果如图 3-19 所示。

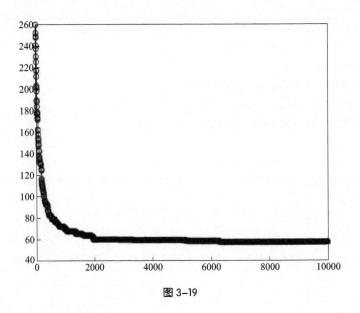

图 3-19

根据循环次数的路径总距离，当 dims=2 变更为 dims=3 时，在三维空间进行运算。三维空间路径最终结果如彩图 5 所示。

三维空间：红色圆是随机抽取的 50 个配送地。利用遗传算法，在经过 50 个配送地并回到起始地是经过的最优路径。

三维空间总距离结果，如图 3-20 所示。

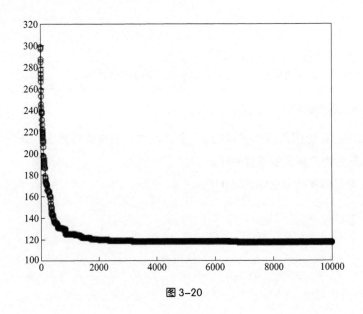

图 3-20

编程数学

第 4 章
蒙特卡罗模拟法

4.1 概率：抛掷硬币、掷骰子

4.2 用 Octave 实现蒙特卡罗模拟

蒙特卡罗模拟法为一种数值解法，通过设定随机过程，反复模拟算法，计算参数估计量和统计量。蒙特卡罗模拟法可用于自然科学、社会科学的问题计算，对于一些其他近似法不能解决的问题可用蒙特卡罗模拟法进行近似计算。本章将对蒙特卡罗模拟法的基本方法和应用代码进行介绍。

4.1
概率：抛掷硬币、掷骰子

4.1.1 抛掷硬币

抛掷一枚硬币，分别计算正面向上和反面向上的概率。首先，设置抛掷的总数，然后分别计算正面向上和反面向上的次数，再分别除以抛掷总数便能得到两者概率。例如，抛掷一枚硬币，得到"正，反，反，正，反，正"，可以看到正、反出现的次数一样，这和理论上正、反面出现的概率均为 0.5 相一致。

抛掷一枚硬币并填好表 4-1。

表 4-1

总次数	正面朝上的次数	反面朝上的次数	正面朝上的次数 / 总次数	反面朝上的次数 / 总次数
10				
20				
30				
40				
50				

事实上，在抛掷硬币时，正、反面朝上出现的次数并不会完全相等，但随着抛掷次数的增加，正、反面朝上出现的概率会往数学上的理论值 0.5 收敛。

4.1.2 掷骰子

抛掷一个骰子，计算各点数出现的概率。骰子朝上的一面为 1~6 中的一个数字。

例如，抛掷骰子后出现的数字如下，计算掷出 3 的概率。

$$\{1, 2, 1, 3, 6, 2, 5, 4, 3, 4\}$$

出现 3 的次数 =2 次，总次数为 10 次。3 出现的概率 = $\frac{2}{10} = \frac{1}{5}$。
抛掷一个骰子 60 次并填好表 4-2。

表 4-2

出现的点	出现次数	出现次数 / 总次数
1		
2		
3		
4		
5		
6		

理论上骰子各点出现的概率均为 $\frac{1}{6}$，但是抛掷骰子 60 次后出现的实际概率并非为理论值。如果我们增加抛掷骰子的次数至 600 次，6000 次，…，600000000 次，又将会出现怎样的结果？这时我们可以借助计算机来帮我们实现。

4.2 用 Octave 实现蒙特卡罗模拟

4.2.1 蒙特卡罗模拟法

蒙特卡罗模拟法是通过使用无穷尽的随机数进行反复模拟的一种得出近似解的数值方法。在解决自然科学以及社会科学问题时，当使用其他数值方法比较困难时，可以采用蒙特卡罗模拟法。

现在就让我们来看关于使用蒙特卡罗模拟法来解决问题的几个例子。

4.2.2 计算机骰子制作

下面是生成 0 和 1 之间 10 个随机数的算法。

程序名：RandomNumber.m

```
clear
n=10
for i=1:n
    rand(1)
end
```

程序说明：

```
clear
% 清理内存
n=10
% 随机数个数
for i=1:n
% i 从 1 到 n 循环
    rand(1)
% 生成 0 ~ 1 的随机数
end
```

命令窗口输出结果：

```
n =
    10
ans =
    0.1576
ans =
    0.9706
ans =
    0.9572
ans =
    0.4854
ans =
    0.8003
ans =
    0.1419
ans =
    0.4218
```

```
ans =
    0.9157
ans =
    0.7922
ans =
    0.9595
```

下面是模仿掷骰子的计算机算法。

程序名：ComputerDice.m

```
clear;
n=600;
No1=0;No2=0;No3=0;No4=0;No5=0;No6=0;
for i=1:n
    a=rand(1);
    if a<1/6
        No1=No1+1;
    elseif a<2/6
        No2=No2+1;
    elseif a<3/6
        No3=No3+1;
    elseif a<4/6
        No4=No4+1;
    elseif a<5/6
        No5=No5+1;
    else
        No6=No6+1;
    end
end
[No1 No2 No3 No4 No5 No6]
[No1 No2 No3 No4 No5 No6]/6
```

程序说明：

```
clear;
% 清理内存
n=600;
% 随机数个数
No1=0;No2=0;No3=0;No4=0;No5=0;No6=0;
% 掷出骰子的点数1,2,3,4,5,6
for i=1:n
```

```
% i 从 1 到 n 循环
a=rand(1);
% 生成 0～1 的随机数
if a < 1/6
% 当 a<1/6 时
        No1=No1+1;
% 点数为 1 的次数 No1 增加 1
    elseif a < 2/6
% 当 a<2/6 时
        No2=No2+1;
% 点数为 2 的次数 No2 增加 1
    elseif a < 3/6
% 当 a<3/6 时
        No3=No3+1;
% 点数为 3 的次数 No3 增加 1
    elseif a < 4/6
% 当 a<4/6 时
        No4=No4+1;
% 点数为 4 的次数 No4 增加 1
    elseif a < 5/6
% 当 a<5/6 时
        No5=No5+1;
% 点数为 5 的次数 No5 增加 1
    else
        No6=No6+1;
% 点数为 6 的次数 No6 增加 1
    end
end
[No1 No2 No3 No4 No5 No6]
% 抛掷骰子出现各点数的次数
[No1 No2 No3 No4 No5 No6]/6
% 抛掷骰子出现各点数的概率
```

命令窗口输出结果：

```
ans =
    92    95    103   109   99    102
ans =
    0.1533   0.1583   0.1717   0.1817   0.1650   0.1700
```

当抛掷骰子 600 次时，各点数出现的次数及各点数出现的概率如表 4-3 所示。

表 4-3

骰子出现的点数	各点数出现的次数	各点数出现的次数 /600
1	92	0.1533
2	95	0.1583
3	103	0.1717
4	109	0.1817
5	99	0.1650
6	102	0.1700

当抛掷骰子 60000 次时，各点数出现的次数以及各点数出现的概率如表 4-4 所示。

表 4-4

骰子出现的点数	各点数出现的次数	各点数出现的次数 /60000
1	10125	0.1688
2	10053	0.1676
3	9899	0.1650
4	10027	0.1671
5	9896	0.1649
6	10000	0.1667

4.2.3 飞镖游戏

用蒙特卡罗模拟法可以求出圆周率（π）的近似值。假设我们在一个 x 轴坐标为 [-1, 1]，y 轴坐标为 [-1, 1] 的坐标平面内有一个半径为 1 的圆盘，往平面内投掷飞镖，由毕达哥拉斯定理可知，当飞镖与原点的距离小于 1 时，可知此时飞镖投在了圆盘内。假如投掷飞镖的次数足够多，可知飞镖投掷进圆盘内的概率 P 为圆盘内飞镖的个数除以投掷飞镖的总次数，即圆的面积除以坐标平面的面积，即

$$P = \frac{\pi}{4}$$

因此，我们可以得出圆周率的值，即

$$\pi = 4P$$

现在，我们通过这个公式用蒙特卡罗模拟法来求圆周率的近似解。

程序名：FindPi.m

```
clear;clf;hold on
N=1000;
count=0;
for i=1:N
    x=2*rand(1)-1;
    y=2*rand(1)-1;
    r=sqrt(x^2+y^2);
    if r<1
        count=count+1;
        plot(x,y,'r*')
    else
        plot(x,y,'kx')
    end
end
t=linspace(0,2*pi,100);
plot(cos(t),sin(t),'k','linewidth',2)
Pi=4*count/N
axis image
box on
```

程序说明：

```
clear;clf;hold on
% 清理内存，图形初始化，保持图形不变，在前一步所画图形上画后一步的图形
N=1000;
% 飞镖总个数
count=0;
% 圆盘内飞镖的个数
for i=1:N
% i 从 1 到 N 循环
x=2*rand(1)-1;
% 随机数 x
y=2*rand(1)-1;
% 随机数 y
```

```
            r=sqrt(x^2+y^2);
            % (x,y) 到原点的距离
            if r<1
            % 如果 (x,y) 在圆盘内
                    count=count+1;
            % 个数增加 1
                    plot(x,y,'r*')
            % 画出红色 * 状图形
            else
            % 如果 (x,y) 不在圆盘内
                    plot(x,y,'kx')
            % 画出黑色 x 状图形
                end
            end
            t=linspace(0,2*pi,100);
            % 在 0 到 1 上有 100 等分点
            plot(cos(t),sin(t),'k','linewidth',2)
            % 用黑色画出半径为 1 的圆，线的粗细大小设为 2
            Pi=4*count/N
            % 用蒙特卡罗模拟法求出的 Pi 值，4× 圆盘内飞镖个数 / 坐标平面内的飞镖个数
            axis image
            % 图形的比例保持原状不变
            box on
            % 显示四周的边框
```

命令窗口输出结果：

```
            Pi =
                3.1440
```

图形结果如彩图 6 所示。

4.2.4 图形重叠区域面积的求解

众所周知，一个半径为 r 的圆的面积为 πr^2，但是像图 4-1 的两图形重叠部分的面积的求解就会很复杂，下面我们来看两图形重叠部分的面积如何求解。

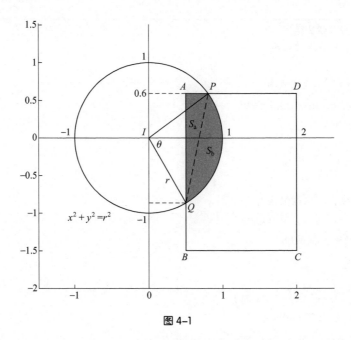

图 4-1

在坐标平面中，有一以原点为中心，半径为 1 的单位圆 $I: x^2+y^2=1$，和一以点 A（0.5,0.6），B（0.5,-1.5），C（2,-1.5），D（2,0.6）构成的长方形 $ABCD$，两图形的交点为 P、Q，圆内的两线段 $\overline{AP}=p$，$\overline{AQ}=q$，我们要求解的面积为圆和长方形的重叠区域面积 S_C，由三角形面积 S_a 和弓形面积 S_b 组成。

设扇形 PIQ 的中心角即弧度为 θ，那么等腰三角形中 $\sin\dfrac{\theta}{2}=\dfrac{1}{2r}\sqrt{p^2+q^2}$，那么弧度 $\theta=2\arcsin\left(\dfrac{1}{2r}\sqrt{p^2+q^2}\right)$，弧的长度为 $l=r\theta$。而弓形面积 S_b 为扇形 PIQ 面积减去等腰三角形 PIQ 的面积。易知等腰三角形 PIQ 的面积

$$\Delta PIQ = \dfrac{1}{2}\sqrt{p^2+q^2}\sqrt{r^2-\dfrac{1}{4}(p^2+q^2)}$$

因而

$$S_C = \dfrac{1}{2}rl - \dfrac{1}{2}\sqrt{p^2+q^2}\sqrt{r^2-\dfrac{1}{4}(p^2+q^2)}$$

$$S_C = S_a + S_b$$

$$= \dfrac{1}{2}pq + \left[\dfrac{1}{2}rl - \dfrac{1}{2}\sqrt{p^2+q^2}\sqrt{r^2-\dfrac{1}{4}(p^2+q^2)}\right]$$

$$\therefore S_C = \dfrac{1}{2}pq + \left[\dfrac{1}{2}r^2\theta - \dfrac{1}{2}\sqrt{p^2+q^2}\sqrt{r^2-\dfrac{1}{4}(p^2+q^2)}\right]$$

若圆和长方形内的各参数值为 $p=0.8-0.5=0.3, q=0.6+\sqrt{0.75}, r=1$，那么

$$\theta = 2\arcsin\left[\frac{1}{2}\sqrt{0.3^2+\left(0.6+\sqrt{0.75}\right)^2}\right]=1.6907$$

由此可知，重叠部分的面积为 $S_c=0.56884$。

到目前为止，我们经过很多步的手算之后得到了两个图形重叠部分的面积。在这种情况下，我们可以使用平面图形的一些性质，求出图形重叠区域的面积，但是这不仅花费很多的计算时间，而且当出现较为复杂的图形时，像刚才一样通过手算求重叠区域面积就会显得很复杂。在这种情况下，我们可以通过使用蒙特卡罗模拟法来求图形重叠部分面积的近似值。方法的具体过程与前面提到的飞镖游戏求圆周率的过程类似。

首先，我们对需要计算面积的图形上生成随机点。我们分别对 x 坐标和 y 坐标取随机数，使用 rand 函数生成随机坐标 (x, y)，rand 函数可随机生成 0～1 的数。接下来，我们使用 if 条件语句筛选出长方形中的点的个数，再用一个 if 语句选出长方形中圆中的点的个数。最后，通过计算长方形中圆中的点的个数和长方形中的点的个数的比值便可间接求出重叠区域图形的面积，因为我们可以将长方形中圆中的点的个数和长方形中的点的个数的比类比于重叠区域面积与长方形面积的比，尤其当随机点的数目足够大的时候，而我们可以很方便地知道长方形的面积，因此便可近似求出重叠区域的面积了。

现在我们用蒙特卡罗模拟法来求重叠区域的面积，像前面一样，我们设定模拟的次数，即生成随机点的次数，当模拟次数足够多的时候，我们便可间接求出重叠区域的面积了，具体如下面代码所示。

程序名：IntersectionArea.m

```
clear;clf;hold on
n=10000;
xn=(rand(n,1)-0.5)*4+0.5;
yn=-3.5*rand(n,1)+1.5;
theta=linspace(0,2*pi,100);
x=cos(theta);
y=sin(theta);
plot(x,y,'k','linewidth',2)
Uy=0.6;Dy=-1.5;Lx=0.5;Rx=2;
count1=0;count2=0;count3=0;count4=0;
for i=1:n
```

```
        if sqrt(xn(i)^2+yn(i)^2)<=1
            if xn(i)>=Lx && xn(i)<=Rx...
                    && yn(i)<=Uy && yn(i)>=Dy
                count1=count1+1;
                case1x(count1)=xn(i);
                case1y(count1)=yn(i);
            else
                count2=count2+1;
                case2x(count2)=xn(i);
                case2y(count2)=yn(i);
            end
        else
            if xn(i)>=Lx && xn(i)<=Rx...
                    && yn(i)<=Uy && yn(i)>=Dy
                count3=count3+1;
                case3x(count3)=xn(i);
                case3y(count3)=yn(i);
            else
                count4=count4+1;
                case4x(count4)=xn(i);
                case4y(count4)=yn(i);
            end
        end
end
plot(case1x,case1y,'go')
plot(case2x,case2y,'bo')
plot(case3x,case3y,'yo')
plot(case4x,case4y,'ko')
axis image; grid on
rate=count1/(count1+count3);
S=(Rx-Lx)*(Uy-Dy);
Area=S*rate
p=0.3;
q=0.6+sqrt(0.75);
theta=2*asin(0.5*sqrt(p^2+q^2));
exact=0.5*(p*q+theta-...
    sqrt((p^2+q^2)*(1-0.25*sqrt(p^2+q^2))))
```

程序说明:

```
clear;clf;hold on
% 清理内存，图形初始化，保持图形不变，在前一步所画图形上画后一步的图形
n=10000;
xn=(rand(n,1)-0.5)*4+0.5;
yn=-3.5*rand(n,1)+1.5;
% 生成一个随机数 n，随意选取 n 的值。n 的值越小，图形中点的分布越稀疏；n 的值越大，图形中点的分布越密集
theta=linspace(0,2*pi,100);
x=cos(theta);
y=sin(theta);
plot(x,y,'k','linewidth',2)
% 画一个以（0,0）为中心，半径为 1 的圆
Uy=0.6;Dy=-1.5;Lx=0.5;Rx=2;
% $A(0.5,0.6)$，$B(0.5,-1.5)$，$C(2,-1.5)$，$D(2,0.6)$ 构成的四边形，$U_y$ 和 $D_y$ 为长方形的上下边对应的 $y$ 坐标的值，$L_x$ 和 $R_x$ 为长方形的左右边对应的 $x$ 坐标的值
count1=0;count2=0;count3=0;count4=0;
for i=1:n
    if sqrt(xn(i)^2+yn(i)^2)<=1
% 如果满足 if 条件，点（$x_n$, $y_n$）在圆内
        if xn(i)>=Lx && xn(i)<=Rx...
            && yn(i)<=Uy && yn(i)>=Dy
% 当圆里面的点也同时存在于长方形中时，执行下面的语句。这里的"..."命令语句表示连接下行语句的意思
            count1=count1+1;
            case1x(count1)=xn(i);
            case1y(count1)=yn(i);
% 圆和长方形重叠部分的点的个数
        else
            count2=count2+1;
            case2x(count2)=xn(i);
            case2y(count2)=yn(i);
% 圆里面长方形外面的点的个数
        end
    else
        if xn(i)>=Lx && xn(i)<=Rx...
            && yn(i)<=Uy && yn(i)>=Dy
            count3=count3+1;
            case3x(count3)=xn(i);
            case3y(count3)=yn(i);
```

```
%  圆外面长方形里面的点的个数
            else
%  圆和长方形外面的点的个数
                count4=count4+1;
                case4x(count4)=xn(i);
                case4y(count4)=yn(i);
            end
        end
end
plot(case1x,case1y,'go')
plot(case2x,case2y,'bo')
plot(case3x,case3y,'yo')
plot(case4x,case4y,'ko')
axis image; grid on
rate=count1/(count1+count3);
%  圆和长方形重叠部分和长方形面积的比值（近似解）
S=(Rx-Lx)*(Uy-Dy);
Area=S*rate
%  上面计算出的面积比值和长方形面积的乘积即为重叠部分面积的值
p=0.3;
q=0.6+sqrt(0.75);
theta=2*asin(0.5*sqrt(p^2+q^2));
exact=0.5*(p*q+theta-...
    sqrt((p^2+q^2)*(1-0.25*sqrt(p^2+q^2))))
%  比较手算的重叠部分面积和蒙特卡罗模拟法计算出的重叠部分面积
```

命令窗口输出结果：

```
n =
1000
Area =
    0.5838
exact =
    0.5688
```

命令窗口输出结果：

```
n =
10000
Area =
```

```
    0.5604
exact =
    0.5688
```

命令窗口输出结果：

```
n =
    100000
Area =
    0.5708
exact =
    0.5688
```

彩图 7 为 n=1000 时的情况。
彩图 8 为 n=10000 时的情况。
彩图 9 为 n=100000 时的情况。
由命令窗的结果可以看出，当 n 的值变大时，用蒙特卡罗模拟法计算出的重叠部分的面积与实际面积越来越接近，图形也与实际图形近乎一致。

4.2.5　随机活动的国际象棋棋子的位置查找

设想一个处于原点的国际象棋棋子的形状如图 4-2 所示。抛掷一枚硬币，出现正面朝上时，将象棋棋子向右移动一格，出现反面朝上时，将象棋棋子向左移动一格。

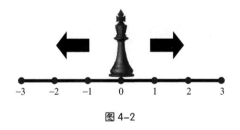

图 4-2

抛掷这枚硬币 8 次，求：
① 象棋棋子在原点的概率。
② 象棋棋子在 x=-2 时的概率。
③ 象棋棋子离原点距离小于 2 的概率。

在编写程序之前先手算上面的问题。出现正面的次数为 a，出现反面的次数为 b，那么 $a+b$=8。当出现正面时 +1，出现反面时 -1，那么满足问题①时，有式满足 $a-b$=0。

联立方程组得 $a=4$，$b=4$。概率即为满足条件时出现的次数除以全体总次数，即

$$概率 = \frac{满足条件时出现的次数}{全体总次数}$$

那么，问题①的解即为

$$\frac{出现4次正面朝上和出现4次反面朝上的次数}{全体总次数}$$

$$= \frac{\frac{8!}{4!4!}}{2^8} = \frac{70}{2^8} \approx 0.273$$

问题②和问题①类似，有 $a+b=8$ 和 $a-b=-2$。联立方程组得 $a=3$，$b=5$。那么问题②的解为

$$\frac{出现3次正面朝上和出现5次反面朝上的次数}{全体总次数}$$

$$= \frac{\frac{8!}{3!5!}}{2^8} = \frac{56}{2^8} \approx 0.219$$

问题③的解法包含了上面两个问题的解法。有题意可得 $a+b=8$，$|a-b| \leq 2$。那么满足后面方程式的情况有 $a-b=\pm 2, a-b=0$。当 $a-b=\pm 1$ 时，此方程式和 $a+b=8$ 联立方程组求得的 a 和 b 的解均不为整数，因此只能满足 $a-b=\pm 2$ 和 $a-b=0$ 的情况，即

$$\frac{出现4次正面朝上和出现4次反面朝上的次数}{全体总次数}$$

$$+ \frac{出现5次正面朝上和出现3次反面朝上的次数}{全体总次数}$$

$$+ \frac{出现3次正面朝上和出现5次反面朝上的次数}{全体总次数}$$

$$= \frac{\frac{8!}{4!4!} + \frac{8!}{5!3!} + \frac{8!}{3!5!}}{2^8} = \frac{70 + 56 + 56}{2^8} \approx 0.711$$

以上即为问题③的解。

那么，现在我们用蒙特卡罗模拟法再来计算一下上面同样的问题。

程序名：Cointoss2.m

```
clear;
ns=10000;
count=0;
flag=1
for n=1:ns
    position=0;
    for i=1:8
        coin=rand(1);
        if coin<0.5
            position=position+1;
        else
            position=position-1;
        end
    end
    switch flag
        case 1
            if position==0
                count=count+1;
            end
        case 2
            if position==-2
                count=count+1;
            end
        case 3
            if abs(position)<=2
                count=count+1;
            end
    end
end
probability=count/ns
```

程序说明：

```
clear;
% 清理内存，内存初始化
ns=10000;
% 循环次数
count=0;
% 满足条件时的累加变量
flag=1
```

```
    % 设定问题编号
    for n=1:ns
        position=0;
    % 位置的初值
        for i=1:8
            coin=rand(1);
            if coin<0.5
                position=position+1;
            else
                position=position-1;
            end
        end
    % 抛掷一枚硬币8次，棋子位置的变化情况。rand(1)函数为选取一个0～1的数，该数比0.5小的话，位置+1，其他情况则将位置-1
    switch flag
    % 根据前面的flag的值执行下面对应的语句
            case 1
                if position==0
                    count=count+1;
                end
    % 问题①中抛掷硬币8次后棋子在0位置上的次数
            case 2
                if position==-2
                    count=count+1;
                end
    % 问题②中抛掷硬币8次后棋子在-2位置上的次数
            case 3
                if abs(position)<=2
                    count=count+1;
                end
    % 问题③中抛掷硬币8次后棋子位置离原点的距离小于等于2的次数。abs()为求绝对值函数
        end
    end
    probability=count/ns
    % 所求概率为对应的问题中count的总次数与总循环次数的比值
```

命令窗口输出结果：

```
flag =
    1
probability =
    0.2688
```

4.2.6 一维线段上任意两点之间的距离问题

图 4-3

如图 4-3 所示，假定在一条长度为 1 的线段上存在任意两点 x 和 y，求这两个任意点间的距离小于 0.5 的概率。点 x 和 y 的所存在的范围为 $0 \leqslant x \leqslant 1$，$0 \leqslant y \leqslant 1$，并满足条件 $|x-y| \leqslant 0.5$。将上面的条件展开，可得 $0 \leqslant x \leqslant 1$，$0 \leqslant y \leqslant 1$，$y \geqslant x-0.5$，$y \leqslant x+0.5$。将满足的条件画成图 4-4 所示的二维图形。这时，我们要求的概率（p）为

$$p = \frac{\text{黑色部分的面积}}{\text{总面积}} = \frac{3}{4} = 0.75$$

即任意两点间的距离小于 0.5 的概率为 0.75。

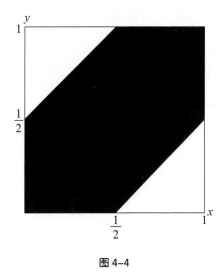

图 4-4

现在我们用蒙特卡罗模拟法来求解上面的问题。

程序名：Distance1D.m

```
clear;
n=10000;
x=rand(1,n);
y=rand(1,n);
count1=0;
count2=0;
for i=1:n
    if abs(x(i)-y(i))<=0.5
        count1=count1+1;
        solx(count1)=x(i);
        soly(count1)=y(i);
    else
        count2=count2+1;
        nolsolx(count2)=x(i);
        nolsoly(count2)=y(i);
    end
end
count1
probability=count1/n
figure(1)
clf
hold on
plot(solx,soly,'r.')
axis image
```

程序说明：

```
clear;
% 清理内存，内存初始化
n=10000;
% 设定随机数 n
x=rand(1,n);
y=rand(1,n);
% 分别生成一个 1 行 n 列的 x 和 y 向量，向量中的值为 0～1 的随机数
count1=0;
count2=0;
% count1 和 count2 分别为满足下面条件时的累加次数
for i=1:n
    if abs(x(i)-y(i))<=0.5
```

```
            count1=count1+1;
            solx(count1)=x(i);
            soly(count1)=y(i);
        else
            count2=count2+1;
            nosolx(count2)=x(i);
            nosoly(count2)=y(i);
        end
    end
    % 当两点间的距离的绝对值满足条件时,即小于或等于0.5时,count1加1,不满足
    条件时,count2加1。将满足条件的(x,y)对应的位置定义为(solx,soly), 不满足条
    件的定义为(nosolx,nosoly)
    count1
    probability=count1/n
    % 所求概率为满足条件时的累加次数和总次数的比值。输出count1和 probability
    变量的值
    figure(1)
    clf
    hold on
    plot(solx,soly,'r.')
    plot(nosolx,nosoly,'k.')
    axis image
    % 将count1的总点数所对应的(solx,soly)用红色点画出来,count2的总点数所
    对应的(nosolx,nosoly)用黑色点画出来
```

命令窗口输出结果:

```
n =
        1000
count1 =
    729
probability =
    0.7290
```

命令窗口输出结果:

```
n =
        10000
count1 =
        7555
```

```
        probability =
            0.7555
```

命令窗口输出结果：

```
n =
      100000
count1 =
       75123
probability =
      0.7512
```

图像结果：彩图 10 为 n=10000 时点的分布结果。

4.2.7　两点间距离的概率分布情况

接下来我们来看随两点之间距离的变化概率的分布情况。循环次数统一设为 100000 次。表 4-5 为运行后的结果，由此可看出，随着两点间距离的增大，概率也跟着变大。

表 4-5

两点间距离	0.1	0.3	0.5	0.7	0.9
概率	0.1895	0.5086	0.7519	0.9114	0.9896

4.2.8　二维空间中两点间的距离问题

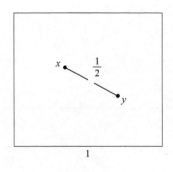

图 4-5

将前面一维空间中两点间的距离问题扩展到二维空间中来。本节中，我们假定存在一个边长为 1 的正方形，求在正方形中的两点 x 和 y 间的距离小于等于 0.5 的概率（见图 4-5）。这个问题用手算方法来解决的话十分复杂，因此在这里我们省略手算法，直接采用蒙特卡罗模拟法来求解上述问题。

首先，我们在一个二维空间中画 30 条线段。

程序名：Distance2DFig.m

```
clear;clf;hold on
n=30
for i=1:n
    x1=rand(1);
    y1=rand(1);
    x2=rand(1);
    y2=rand(1);
    if sqrt((x1-x2)^2+(y1-y2)^2)<=0.5
        plot([x1,x2],[y1,y2],'ko--','linewidth',2)
    else
        plot([x1,x2],[y1,y2],'ko-','linewidth',2)
    end
end
axis square
```

程序说明：

```
clear;clf;hold on
% 清理内存，图形初始化，保持图形不变，在前一步所画图形上画后一步的图形
n=30
% 画的线段个数
for i=1:n
    x1=rand(1);
    y1=rand(1);
    x2=rand(1);
    y2=rand(1);
% 随机生成线段的两点坐标
    if sqrt((x1-x2)^2+(y1-y2)^2)<=0.5
        plot([x1,x2],[y1,y2],'ko--','linewidth',2)
    else
        plot([x1,x2],[y1,y2],'ko-','linewidth',2)
    end
end
```

```
%  随机生成的两点间的距离小于等于0.5时，线段设为红色，长度大于0.5时，线段设
为蓝色
axis square
%  使输出图形为正方形
```

彩图 11 为图像结果，图中红色线段为 30 个线段中长度小于等于 0.5 的部分，蓝色线段为 30 个线段中长度大于 0.5 的部分。

接下来我们将 n 的值增大，画图的部分省略，单纯计算边长为 1 的正方形中长度小于等于 0.5 的概率为多少。

程序名：Distance2D.m

```
clear;
n=100000
count=0;
for i=1:n
    x1=rand(1);
    y1=rand(1);
    x2=rand(1);
    y2=rand(1);
    if sqrt((x1-x2)^2+(y1-y2)^2)<=0.5
        count=count+1;
    end
end
count
probability=count/n
```

程序说明：

```
clear;
%  清理内存，内存初始化
n=100000
%  循环次数
count=0;
%  满足下面条件时的累加数的初值
for i=1:n
    x1=rand(1);
    y1=rand(1);
    x2=rand(1);
    y2=rand(1);
```

```
        if sqrt((x1-x2)^2+(y1-y2)^2)<=0.5
            count=count+1;
        end
end
% 任意两点对应的坐标值 x_1,y_1,x_2,y_2 为 0～1 的随机数。每当满足
% √((X_1-X_2)^2+(Y_1-Y_2)^2)≤0.5时，count 加 1
count
probability=count/n
% 输出满足条件的总次数和概率的值
```

将循环次数逐渐增大，可以看出随着 n 的增大，概率的值逐渐收敛。

命令窗口输出结果：

```
n =
        1000
count =
     485
probability =
    0.4850
```

命令窗口输出结果：

```
n =
       10000
count =
        4880
probability =
    0.4880
```

命令窗口输出结果：

```
n =
      100000
count =
       48306
probability =
    0.4831
```

4.2.9 两点间距离的概率分布情况

接下来，我们来看随两点之间距离的变化概率的分布情况。循环次数统一设为 100000 次。表 4-6 为运行后的结果，由此可看出，随着两点间距离的增大，概率也跟着变大。

表 4-6

两点间距离	0.1	0.3	0.5	0.7	0.9
概率	0.0291	0.2156	0.4838	0.7447	0.9282

4.2.10 三维空间中两点间的距离问题

同样，将前面二维空间中两点间的距离问题扩展到三维空间中来。本节中，我们假定存在一个边长为 1 的正六面体，求在正六面体中的两点 x 和 y 间的距离小于等于 0.5 的概率（见图 4-6）。这个问题用手算方法来解决的话同样十分复杂，因此在这里我们省略手算法，直接采用蒙特卡罗模拟法来求解上述问题。

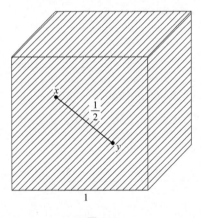

图 4-6

首先，我们在一个三维空间中画 50 条线段。

程序名：Distance3DFig.m

```
clear;clf;hold on
n=50
for i=1:n
    x1=rand(1);
    y1=rand(1);
```

```
        z1=rand(1);
    x2=rand(1);
    y2=rand(1);
    z2=rand(1);
    if sqrt((x1-x2)^2+(y1-y2)^2+(z1-z2)^2)<=0.5
        plot3([x1,x2],[y1,y2],[z1,z2],'ko--','linewidth',2)
    else
        plot3([x1,x2],[y1,y2],[z1,z2],'ko-','linewidth',2)
    end
end
view(60,30)
```

程序说明：

```
clear;clf;hold on
% 清理内存，图形初始化，保持图形不变，在前一步所画图形上画后一步的图形
n=50
% 画的线段个数
for i=1:n
    x1=rand(1);
    y1=rand(1);
    z1=rand(1);
    x2=rand(1);
    y2=rand(1);
    z2=rand(1);
% 随机生成线段的两点坐标
    if sqrt((x1-x2)^2+(y1-y2)^2)<=0.5
        plot([x1,x2],[y1,y2],'ko--','linewidth',2)
    else
        plot([x1,x2],[y1,y2],'ko-','linewidth',2)
    end
end
% 随机生成的两点间的距离小于等于0.5时，线段设为红色，长度大于0.5时，线段设为蓝色
view(60,30)
% view 表示对想看的三维图形指定一个角度
```

图像结果如彩图12所示，图中红色线段为50个线段中长度小于等于0.5的部分，蓝色线段为50个线段中长度大于0.5的部分。

接下来我们将 n 的值增大，画图的部分省略，单纯计算边长为 1 的正六面体中长度小于等于 0.5 的概率为多少。

程序名：Distance3D.m

```
clear;
n=100000
count=0;
for i=1:n
    x1=rand(1);
    y1=rand(1);
    z1=rand(1);
    x2=rand(1);
    y2=rand(1);
    z2=rand(1);
    if sqrt((x1-x2)^2+(y1-y2)^2+(z1-z2)^2)<=0.5
        count=count+1;
    end
end
count
probability=count/n
```

程序说明：

```
clear;
% 清理内存，内存初始化
n=100000
% 循环次数
count=0;
% 满足下面条件时的累加数的初值
for i=1:n
    x1=rand(1);
    y1=rand(1);
    x2=rand(1);
    y2=rand(1);
    y2=rand(1);
    z2=rand(1);
    if sqrt((x1-x2)^2+(y1-y2)^2+(z1-z2)^2)<=0.5
        count=count+1;
    end
end
```

```
% 任意两点对应的坐标值 x_1,y_1,z_1,x_2,y_2,z_2 为 0～1 的随机数。每当满足
  √((x_1-x_2)^2+(y_1-y_2)^2+(z_1-z_2)^2) ≤0.5 时，count 加 1
count
probability=count/n
% 输出满足条件的总次数和概率的值
```

将循环次数逐渐增大，可以看出随着 n 的增大，概率的值逐渐收敛。

命令窗口输出结果：

```
n =
      1000
count =
   288
probability =
    0.2880
```

命令窗口输出结果：

```
n =
     10000
count =
    2878
probability =
    0.2878
```

命令窗口输出结果：

```
n =
    100000
count =
     27676
probability =
    0.2768
```

编程数学

第 5 章
分形构造问题

5.1 何谓分形

5.2 运用 Octave 以编码实现分形构造

5.1 何谓分形

根据维基百科,分形(fractal)是指一小部分碎片和整体的相似几何形态。这种具有自我相似性的几何构造称为分形构造。分形为曼德勃罗(Mandelbrot)率先使用的单词,源自拉丁语"fractus",有"零碎""破裂"之意。分形构造也运用在理学和工学领域。自然界中也能发现云、山、闪电、暖流、海岸线和树枝等分形构造。分形图形可以通过递归或者重复的操作以反复的模式来制成。

5.2 运用 Octave 以编码实现分形构造

5.2.1 本章中使用的 Octave 的语句

程序名:TestFill.m

```
clear; clf; hold on
x1 = [0 1 0.5];
y1 = [0 0 1];
x2 = [1 2 2 1];
y2 = [1 1 2 2];
fill(x1,y1,'b');
fill(x2,y2,'g');
axis image;
```

程序说明:

```
clear; clf; hold on
% 清理内存,图形初始化,保持图形不变,在前一步所画图形上画后一步的图形
```

```
x1 = [0 1 0.5];
% 生成三角形的 x 轴坐标
y1 = [0 0 1];
% 生成三角形的 y 轴坐标
x2 = [1 2 2 1];
% 生成四边形的 x 轴坐标
y2 = [1 1 2 2];
% 生成四边形的 y 轴坐标
fill(x1,y1,'b');
% 画蓝色三角形
fill(x2,y2,'g');
% 画绿色四边形
axis image;
% 修正图形的比例
```

图像结果如彩图 13 所示。

程序名：TestPause.m

```
clear; clf; hold on;
axis ([1 10 1 10])
for i=1:10
plot(i,i,'ko')
pause(0.1)
end
```

程序说明：

```
clear; clf; hold on;
% 清理内存，图形初始化，保持图形不变，在前一步所画图形上画后一步的图形
axis ([1 10 1 10])
% 设定 x 和 y 轴的坐标为 0～10
for i=1:10
plot(i,i,'ko')
% 画出 i 值对应的点，每次增加 1，一直到 10，并将点设定为黑色圆圈
pause(0.1)
% 每次暂停 0.1s
end
```

程序名：Sum_function.m

```
function s = Sum_function(x1,x2)
s = x1+x2;
end
Sum_function(3,5)
```

程序说明：

```
function s = Sum_function(x₁,x₂)
%  函数语句，Sum_function: 函数名字，x₁,x₂: 函数的输入变量，s: 函数的输出变量
s = x1+x2;
%  将输入变量 x₁, x₂ 相加赋给输出变量 s
end
%  结束 Sum_function 函数
```

命令窗口输出结果：

```
Sum_function(3,5)
%  用函数 Sum_function 输出变量
ans =
     8
```

5.2.2 旋转矩阵

下列旋转矩阵是平面上的点以原点为中心旋转运动的作用。

$$\begin{pmatrix} \cos\theta & -\sin\theta \\ \sin\theta & \cos\theta \end{pmatrix}$$

此旋转矩阵可以通过下面的过程得到。

图 5-1 中从 (x,y) 点到 (x',y') 位置，以原点为圆心，旋转了 θ 角度。方便起见，假定点 (x,y) 在半径为 1 的圆上。

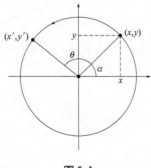

图 5-1

那么，可知

$$x = \cos\alpha, \ y = \sin\alpha$$

这里 α 是点 (x, y) 和 x 轴形成的角度。并且

$$x'=\cos(\alpha+\theta), \ y'=\sin(\alpha+\theta)$$

根据三角函数的加法定律：

$$x'=\cos(\alpha+\theta)=\cos\alpha\cos\theta-\sin\alpha\sin\theta$$

$$y'=\sin(\alpha+\theta)=\sin\alpha\cos\theta+\cos\alpha\sin\theta$$

上式可写作：

$$x'=\cos\alpha\cos\theta-\sin\alpha\sin\theta=x\cos\theta-y\sin\theta$$

$$y'=\sin\alpha\cos\theta+\cos\alpha\sin\theta=x\sin\theta+y\cos\theta$$

那么可得

$$\begin{pmatrix}x'\\y'\end{pmatrix}=\begin{pmatrix}\cos\theta & -\sin\theta\\ \sin\theta & \cos\theta\end{pmatrix}\begin{pmatrix}x\\y\end{pmatrix}$$

尝试使用 Octave 软件制作重心为圆心，边长为 2 的正方形，以原点为重心，逆时针旋转 45°。

程序名：RT_example1.m

```
clear;clf;hold on
RT=inline('[cos(t) -sin(t);sin(t) cos(t)]','t');
Box = [-1 1 1 -1 -1;-1 -1 1 1 -1];
fill(Box(1,:),Box(2,:),'g');
RTBox = RT(pi/4)*Box;
fill(RTBox(1,:),RTBox(2,:),'b')
```

程序说明：

```
clear;clf;hold on
% 清理内存，图形初始化，保持图形不变，在前一步所画图形上画后一步的图形
RT=inline('[cos(t) -sin(t);sin(t) cos(t)]','t');
% 生成旋转矩阵
Box = [-1 1 1 -1 -1;-1 -1 1 1 -1];
% 定义正方形的坐标点
fill(Box(1,:),Box(2,:),'g');
% 画出绿色正方形
RTBox = RT(pi/4)*Box;
```

```
% 将绿色正方形旋转 45°
fill(RTBox(1,:),RTBox(2,:),'b');
% 画出旋转后的蓝色正方形
```

图像结果：如彩图 14 所示。

彩图 14 为以原点 O 为中心，将绿色正方形逆时针方向旋转 45° 得到蓝色正方形。

尝试使用 Octave 编码制作重心为 (0.5, 0.5)，边长为 1 的正方形，以原点为重心，逆时针旋转 30°。

程序名：RT_example2.m

```
clear;clf;hold on
RT=inline('[cos(t) -sin(t);sin(t) cos(t)]','t');
Box=[0 1 1 0 0;0 0 1 1 0];
fill(Box(1,:),Box(2,:),'g');
RTBox = RT(pi/6)*Box;
fill(RTBox(1,:),RTBox(2,:),'b');
```

程序说明：

```
clear;clf;hold on
% 清理内存，图形初始化，保持图形不变，在前一步所画图形上画后一步的图形
RT=inline('[cos(t) -sin(t);sin(t) cos(t)]','t');
% 生成旋转矩阵
Box=[0 1 1 0 0;0 0 1 1 0];
% 定义正方形的坐标点
fill(Box(1,:),Box(2,:),'g');
% 画出绿色正方形
RTBox = RT(pi/6)*Box;
% 将绿色正方形旋转 30°
fill(RTBox(1,:),RTBox(2,:),'b');
% 画出旋转后的蓝色正方形
```

图像结果如彩图 15 所示。

彩图 15 为以原点 O 为中心，将绿色正方形逆时针方向旋转 30° 得到蓝色正方形。

5.2.3 递归函数

递归函数（recursion function）是指直接或间接回到原位置的函数。编程里面

递归函数是指在函数中重新回归到函数自身。具有代表性的回归函数的例子有阶乘（factorial）。阶乘是指从 1 开始到其本身的所有自然数的乘积。符号为！，数学表达如下。

$$n! = \prod_{i=1}^{n} i = n \times (n-1) \times (n-2) \times \cdots \times 3 \times 2 \times 1$$

例如 3! 的值为 3!=$3 \times 2 \times 1$=6。

程序名：new_factorial

```
function x = new_factorial(n)
n
if n<=1
x = 1;
else
x = n*new_factorial(n-1);
end
end
```

程序说明：

```
function x = new_factorial(n)
% 定义输出变量为 x 的 new_factorial 函数
n
% 输入变量 n
if n<=1
% 如果 n 小于等于 1
x = 1;
% 输出 x=1
else
% 如果 n 大于 1
x = n*new_factorial(n-1);
% 用递归函数计算 x
end
end
```

命令窗口输出结果：

```
result = new_factorial(4)
n =
     4
```

```
n =
    3
n =
    2
n =
    1
result =
    24
```

命令窗口为 x=new_factorial(4) 时运算得出的结果。

5.2.4 三角形的旋转

把三角形的长度按一定比例缩小，并按一定的角度旋转，尝试确认重复此过程，代码以及结果如下。

程序名：Triangles.m

```
function Triangles()
iterations=200;
angleIncrement=pi/100;
lengthDecrement=1/100;
figure(1); clf
drawTriangles(1,0,angleIncrement, ...
lengthDecrement,iterations)
function drawTriangles(len,angle,angInc, ...
lengthDecrement,iterations)
pt1=len*[cos(angle); sin(angle)];
rot=[cos(2*pi/3) -sin(2*pi/3);
sin(2*pi/3) cos(2*pi/3)];
pt2=rot*pt1;
pt3=rot*pt2;
plot([pt1(1),pt2(1),pt3(1),pt1(1)], ...
    [pt1(2),pt2(2),pt3(2),pt1(2)],'k','linewidth',1);
axis image;
axis([-0.9 1.1 -1 1]); grid on
hold on
pause(0.01)
if iterations-1>0
drawTriangles(len-len*lengthDecrement, ...
```

```
            angle+angInc,angInc,lengthDecrement,iterations-1);
        end
    end
end
```

程序说明：

```
function Triangles()
% 画图函数
iterations=200;
% 循环次数为 200
angleIncrement=pi/100;
% 每次运算时旋转 pi/100 的角度
lengthDecrement=1/100;
% 将三角形的边长缩短为之前边长的 1/100
figure(1); clf
drawTriangles(1,0,angleIncrement, ...
lengthDecrement,iterations)
% 递归函数，初始正三角形的边长为 1，角度为 0，角度增量，边长增量，循环次数
function drawTriangles(len,angle,angInc, ...
lengthDecrement,iterations)
% 三角形画图函数
pt1=len*[cos(angle); sin(angle)];
% 正三角形的一个垂直点的坐标
rot=[cos(2*pi/3) -sin(2*pi/3);
sin(2*pi/3)  cos(2*pi/3)];
% 定义 120° 旋转矩阵
pt2=rot*pt1;
% 以原点为中心，第一个垂直点旋转 120°
pt3=rot*pt2;
% 以原点为中心，第二个垂直点旋转 120°
plot([pt1(1),pt2(1),pt3(1),pt1(1)], ...
     [pt1(2),pt2(2),pt3(2),pt1(2)],'k','linewidth',1);
% 画三角形
axis image;
axis([-0.9 1.1 -1 1]); grid on
hold on
pause(0.01)
if iterations-1>0
```

```
% 如果超过循环次数
drawTriangles(len-len*lengthDecrement, ...
angle+angInc,angInc,lengthDecrement,iterations-1);
% 调用递归函数，缩短1/100个边长，增加一个角度增量，边长减小，循环次数减小1
end
end
end
```

图像结果如图 5-2 所示。

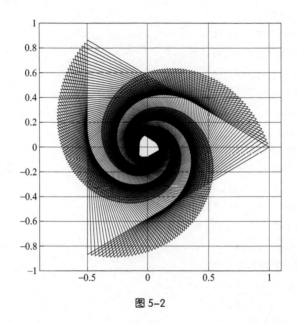

图 5-2

图 5-2 为将三角形的边长按一定比例缩短，按一定角度旋转后的结果。

5.2.5 四边形的旋转

把四边形的长度按一定比例缩小，并按一定的角度旋转，尝试确认重复此过程，代码以及结果如下。

程序名：Squares.m

```
clear;
function Squares()
iterations=200;
angleIncrement=pi/100;
```

```
lengthDecrement=1/100;
figure(1); clf
drawSquares(1,0,angleIncrement, ...
lengthDecrement,iterations)
function drawSquares(len,angle,angInc, ...
lengthDecrement,iterations)
pt1=len*[cos(angle); sin(angle)];
rot=[cos(pi/2) -sin(pi/2); sin(pi/2) cos(pi/2)];
pt2=rot*pt1;
pt3=rot*pt2;
pt4=rot*pt3;
plot([pt1(1),pt2(1),pt3(1),pt4(1),pt1(1)], ...
[pt1(2),pt2(2),pt3(2),pt4(2),pt1(2)],'k','linewidth',1);
axis image;
axis([-1.1 1.1 -1.1 1.1]); grid on
hold on
pause(0.01)
if iterations-1>0
drawSquares(len-len*lengthDecrement, ...
angle+angInc,angInc,lengthDecrement,iterations-1);
end
end
end
```

程序说明：

```
function Squares()
% 画图函数
iterations=200;
% 循环次数为 200
angleIncrement=pi/100;
% 每次运算时旋转 pi/100 的角度
lengthDecrement=1/100;
% 将四边形的边长缩短为之前边长的 1/100
figure(1); clf
drawSquares(1,0,angleIncrement, ...
lengthDecrement,iterations)
% 递归函数，初始正方形的边长为 1，角度为 0，角度增量，边长增量，循环次数
```

```
function drawSquares(len,angle,angInc, ...
lengthDecrement,iterations)
% 正方形画图函数
pt1=len*[cos(angle); sin(angle)];
% 正方形的一个垂直点的坐标
rot=[cos(pi/2) -sin(pi/2); sin(pi/2) cos(pi/2)];
% 定义 90° 旋转矩阵
pt2=rot*pt1;
% 以原点为中心，第一个垂直点旋转 90°
pt3=rot*pt2;
% 以原点为中心，第二个垂直点旋转 90°
pt4=rot*pt3;
% 以原点为中心，第三个垂直点旋转 90°
plot([pt1(1),pt2(1),pt3(1),pt4(1),pt1(1)], ...
[pt1(2),pt2(2),pt3(2),pt4(2),pt1(2)],'k','linewidth',1);
% 画四边形
axis image;
axis([-1.1 1.1 -1.1 1.1]); grid on
hold on
pause(0.01)
if iterations-1>0
% 如果超过循环次数
drawSquares(len-len*lengthDecrement, ...
angle+angInc,angInc,lengthDecrement,iterations-1);
% 调用递归函数，缩短 1/100 个边长，增加一个角度增量，边长减小，循环次数减小 1
end
end
end
```

图像结果如图 5-3 所示。

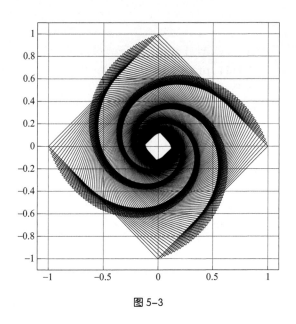

图 5-3

图 5-3 为将四边形的边长按一定比例缩短，按一定角度旋转后的结果。

5.2.6 六边形的旋转

把六边形的长度按一定比例缩小，并按一定的角度旋转，尝试确认重复此过程，代码以及结果如下。

程序名：Hexas.m

```
function Hexas()
iterations=200;
angleIncrement=pi/100;
lengthDecrement=1/50;
figure(1); clf
drawHexas(1,0,angleIncrement, ...
lengthDecrement,iterations)
function drawHexas(len,angle,angInc, ...
lengthDecrement,iterations)
pt1=len*[cos(angle); sin(angle)];
rot=[cos(pi/3) -sin(pi/3); sin(pi/3) cos(pi/3)];
pt2=rot*pt1;
pt3=rot*pt2;
pt4=rot*pt3;
pt5=rot*pt4;
```

```
pt6=rot*pt5;
plot([pt1(1),pt2(1),pt3(1),pt4(1),pt5(1),pt6(1),pt1(1)], ...
[pt1(2),pt2(2),pt3(2),pt4(2),pt5(2),pt6(2),pt1(2)],'k','linewid
th',1);
axis image;
axis([-1.1 1.1 -1. 1.]); grid on
hold on
pause(0.01)
if iterations-1>0
drawHexas(len-len*lengthDecrement,angle+angInc, ...
angInc,lengthDecrement,iterations-1);
end
end
end
```

程序说明：

```
function Hexas()
% 画图函数
iterations=200;
% 循环次数为 200
angleIncrement=pi/100;
% 每次运算时旋转 pi/100 的角度
lengthDecrement=1/50;
% 将六边形的边长缩短为之前边长的 1/50
figure(1); clf
drawHexas(1,0,angleIncrement, ...
lengthDecrement,iterations)
% 递归函数，初始正六边形的边长为 1，角度为 0，角度增量，边长增量，循环次数
function drawHexas(len,angle,angInc, ...
lengthDecrement,iterations)
% 正六边形画图函数
pt1=len*[cos(angle); sin(angle)];
% 正六边形的一个垂直点的坐标
rot=[cos(pi/3) -sin(pi/3); sin(pi/3) cos(pi/3)];
% 定义 60° 旋转矩阵
pt2=rot*pt1;
% 以原点为中心，第一个垂直点旋转 60°
pt3=rot*pt2;
% 以原点为中心，第二个垂直点旋转 60°
```

```
pt4=rot*pt3;
% 以原点为中心,第三个垂直点旋转60°
pt5=rot*pt4;
% 以原点为中心,第四个垂直点旋转60°
pt6=rot*pt5;
% 以原点为中心,第五个垂直点旋转60°
plot([pt1(1),pt2(1),pt3(1),pt4(1),pt5(1),pt6(1),pt1(1)], ...
[pt1(2),pt2(2),pt3(2),pt4(2),pt5(2),pt6(2),pt1(2)],'k','linewid
th',1);
% 画六边形
axis image;
axis([-1.1 1.1 -1. 1.]); grid on
hold on
pause(0.01)
if iterations-1>0
% 如果超过循环次数
drawHexas(len-len*lengthDecrement,angle+angInc, ...
angInc,lengthDecrement,iterations-1);
% 调用递归函数,缩短1/50个边长,增加一个角度增量,边长减小,循环次数减小1
end
end
end
```

图像结果如图 5-4 所示。

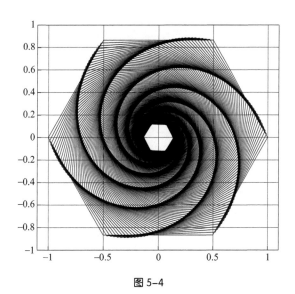

图 5-4

图 5-4 为将六边形的边长按一定比例缩短，按一定角度旋转后的结果。

5.2.7 分形树

分形树（fractal tree）是由线段组成的分形图形。如图 5-5（a）所示，在直线一端（■）处按一定角度（$\frac{\pi}{3}$）延伸出去两条线段，重复此过程便能得到与图 5-5（b）一样的分形树。

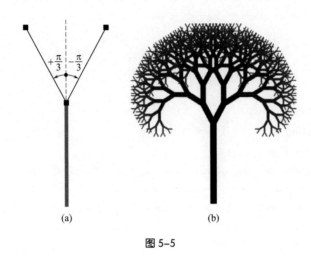

图 5-5

程序名：FractalTree.m

```
function FractalTree()
totalIter=9;
angle=pi/6;
len1=3*1.2^totalIter;
w=totalIter;
figure(1); clf
plot([0 0],[-len1,0],'LineWidth',w,'Color',[0 0 0])
hold on
drawBranches(pi/2,[0,0],totalIter-1, ...
    angle,totalIter);
function drawBranches(initAngle,pt,Iter, ...
    angle,totalIter)
len=1.2^Iter;
x1=pt(1);
y1=pt(2);
ang1=initAngle+angle;
```

```
ang2=initAngle-angle;
x2=len*cos(ang1)+x1;
y2=len*sin(ang1)+y1;
x3=len*cos(ang2)+x1;
y3=len*sin(ang2)+y1;
w=Iter;
c2=[1-Iter/totalIter 0 1-Iter/totalIter];
p1=plot([x1,x2],[y1,y2],'LineWidth',w,'Color',c2);
p2=plot([x1,x3],[y1,y3],'LineWidth',w,'Color',c2);
pause(0.01)
if Iter-1>0
drawBranches(ang1,[x2,y2],Iter-1,angle, ...
totalIter);
drawBranches(ang2,[x3,y3],Iter-1,angle, ...
totalIter);
end
end
axis image
axis on
grid on
end
```

程序说明：

```
function FractalTree()
% 画图函数 Fractal_Tree
totalIter=9;
% 总循环数为 9
angle=pi/6;
% 每次运算时旋转 pi/6 的角度
len1=3*1.2^totalIter;
% 树干的长度
w=totalIter;
% 设定树干的厚度
figure(1); clf
plot([0 0],[-len1,0],'LineWidth',w,'Color',[0 0 0])
% 画出树干的颜色为黑色
hold on
drawBranches(pi/2,[0,0],totalIter-1, ...
angle,totalIter);
```

```matlab
% 递归函数，基准角度为pi/2，初始基准点，循环次数减1，旋转角度，总循环次数
function drawBranches(initAngle,pt,Iter, ...
angle,totalIter)
% 树枝画图函数
len=1.2^Iter;
% 树枝的长度
x1=pt(1);
% 基准点的x坐标
y1=pt(2);
% 基准点的y坐标
ang1=initAngle+angle;
% 初始角度时按逆时针方向旋转角度
ang2=initAngle-angle;
% 初始角度时按顺时针方向旋转角度
x2=len*cos(ang1)+x1;
% 初始角度时按逆时针方向旋转的树枝的x轴坐标
y2=len*sin(ang1)+y1;
% 初始角度时按逆时针方向旋转的树枝的y轴坐标
x3=len*cos(ang2)+x1;
% 初始角度时按顺时针方向旋转的树枝的x轴坐标
y3=len*sin(ang2)+y1;
% 初始角度时按顺时针方向旋转的树枝的y轴坐标
w=Iter;
% 设定树枝的厚度
c2=[1-Iter/totalIter 0 1-Iter/totalIter];
% 设定树枝的颜色
p1=plot([x1,x2],[y1,y2],'LineWidth',w,'Color',c2);
p2=plot([x1,x3],[y1,y3],'LineWidth',w,'Color',c2);
% 画出旋转后的树枝
pause(0.01)
if Iter-1>0
% 如果超过循环次数
drawBranches(ang1,[x2,y2],Iter-1,angle, ...
totalIter);
% 调用递归函数。基准角度为前基准角度加上一个旋转角度，旋转的基准点坐标，循环次数减1，旋转角度，总循环次数
drawBranches(ang2,[x3,y3],Iter-1,angle, ...
totalIter);
```

```
    % 调用递归函数。基准角度为前基准角度减去一个旋转角度，旋转的基准点坐标，循环
    次数减1，旋转角度，总循环次数
    end
  end
axis image
axis on
grid on
end
```

图像结果如彩图 16 所示，为生成的分形树。

5.2.8 直角三角形的相似比

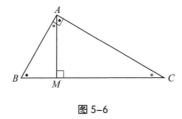

图 5-6

如图 5-6 所示，从 ∠A=90° 的直角三角形△ABC 的顶点 A 开始到 BC 的垂直线的垂足为 M 的话，以下成立。

①当△ABC ∼ △MBA，$\overline{AB}:\overline{BC}=\overline{BM}:\overline{AB}$，即 $\overline{AB^2}=\overline{BM}\times\overline{BC}$。

②当△ABC ∼ △MAC，$\overline{AC}:\overline{BC}=\overline{CM}:\overline{AC}$，即 $\overline{AC^2}=\overline{CM}\times\overline{BC}$。

③当△ABM ∼ △CAM，$\overline{AM}:\overline{CM}=\overline{BM}:\overline{AM}$，即 $\overline{AM^2}=\overline{BM}\times\overline{CM}$。

④△ABC 的面积 $S=\frac{1}{2}\overline{BC}\times\overline{AM}=\frac{1}{2}\overline{AB}\times\overline{AC}$。

5.2.9 等比数列以及等比数列的和

数列指定义域为自然数（N）的实数（R）函数 $f(n)$，每一个函数值为数列项。等比数列是指用一个常数值乘以前一项得到的数列。此处用来乘以前一项的常数称为公比，第一项是 a_1，公比是 r，一般项用 $a_n=a_1 r^{n-1}$ 来表示。

等比数列之和的公式如下。

$$S_n = \frac{a_1(r^n-1)}{r-1}$$

式中，$r \neq 1$。

从以下过程可以推导。

$$S_n = a_1 + a_1 r + a_1 r^2 + a_1 r^3 + \cdots + a_1 r^{n-1} \quad (5\text{-}1)$$

将上式两边同乘 r：

$$rS_n = a_1 r + a_1 r^2 + a_1 r^3 + a_1 r^4 + \cdots + a_1 r^n \quad (5\text{-}2)$$

用式（5-2）减去式（5-1），得

$$(r-1)S_n = a_1(r^n - 1)$$

便可以推导出等比数列之和的公式：

$$S_n = \frac{a_1(r^n - 1)}{r - 1}$$

式中，$r \neq 1$。

5.2.10 毕达哥拉斯树

毕达哥拉斯树（Pythagoras tree）是由正方形组成的分形图形。如图 5-7 所示，直角三角形两直角边的边长 a 和 b 的平方和等于斜边 c 的平方，这叫作"毕达哥拉斯定理"（勾股定理）。换句话来解释，也可以说以 a 和 b 为边长的正方形的面积之和等于以斜边 c 为边长的正方形的面积。

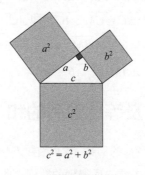

图 5-7

为了代码说明的便利，边长为 a、b、c 的正方形分别用 A、B、C 来表示。

程序名：PythagorTree.m

```
clear; clf; clc; hold on
RT=inline('[cos(t) -sin(t); sin(t) cos(t)]','t');
```

```
n=7;
m=0.7;
d=sqrt(1+m^2);
c1=1/d;
c2=m/d;
alpha1=atan(m);
alpha2=-(pi/2-alpha1);
nEle=2^(n+1)-1;
M=zeros(nEle,5);
M(1,1:5)=[0 0 0 1 0];
for i=1:n
M(2^i:2^(i+1)-1,5)=i;
end
for i=2:2:(nEle-1)
j=i/2;
P1=RT(M(j,3))*(M(j,4)*[0; 1]) + M(j,1:2)';
P2=RT(M(j,3))*(M(j,4)*[1/(1+m^2); 1+m/(1+m^2)]) +...
M(j,1:2)';
theta1=M(j,3)+alpha1;
theta2=M(j,3)+alpha2;
M(i,1:4)=[P1' theta1 M(j,4)*c1];
M(i+1,1:4)=[P2' theta2 M(j,4)*c2];
end
ColorM(1:n+1,1)=linspace(1,0,n+1)';
ColorM(1:n+1,2)=linspace(1,0.5,n+1)';
ColorM(1:n+1,3)=0.5;
for i=1:size(M,1)
cx=M(i,1);
cy=M(i,2);
theta=M(i,3);
si=M(i,4);
R=RT(theta);
x=si*[0 1 1 0 0];
y=si*[0 0 1 1 0];
pts=R*[x;y];
fill(cx+pts(1,:),cy+pts(2,:),ColorM(M(i,5)+1,:));
end
axis equal off;
```

程序说明：

```
clear; clf; clc; hold on
% 清理内存，图形初始化，清空命令窗口，保持图形不变，在前一步所画图形上画后一步的图形
RT=inline('[cos(t) -sin(t); sin(t) cos(t)]','t');
% 生成旋转矩阵
n=7;
% 循环次数
m=0.7;
% a=1 时 b 的长度比例
d=sqrt(1+m^2);
% a=1 时 b 的长度比例
c1=1/d;
% c=1 时，调整 a 的长度比例
c2=m/d;
% c=1 时，调整 b 的长度比例
alpha1=atan(m);
% 正方形 A 和正方形 C 生成的角度
alpha2=-(pi/2-alpha1);
% 正方形 B 和正方形 C 生成的角度
nEle=2^(n+1)-1;
% 循环 n 次时，正方形的总个数
M=zeros(nEle,5);
% 设定一个矩阵 M，用来储存正方形的坐标、角度、正方形 C 的边的长度以及颜色
M(1,1:5)=[0 0 0 1 0];
% 第一个四边形的 x、y、角度、边的长度以及颜色
for i=1:n
% 同一步骤中，反复设定正方形的颜色信息
M(2^i:2^(i+1)-1,5)=i;
% 设定第 i 次循环的时候各正方形的颜色
end
for i=2:2:(nEle-1)
% 第一个正方形的信息储存后，从第 2 个开始，每次增加 2，一直到 nEle-1
j=i/2;
% 前一步生成的正方形 C 的位置
P1=RT(M(j,3))*(M(j,4)*[0; 1]) + M(j,1:2)';
% 计算正方形 A 的坐标
P2=RT(M(j,3))*(M(j,4)*[1/(1+m^2); 1+m/(1+m^2)]) +...
M(j,1:2)';
```

```matlab
% 计算正方形 B 的坐标
theta1=M(j,3)+alpha1;
% 累加计算正方形 A 的旋转角度
theta2=M(j,3)+alpha2;
% 累加计算正方形 B 的旋转角度
M(i,1:4)=[P1' theta1 M(j,4)*c1];
% 将正方形 A 的信息储存于 M 中
M(i+1,1:4)=[P2' theta2 M(j,4)*c2];
% 将正方形 B 的信息储存于 M 中
end
ColorM(1:n+1,1)=linspace(1,0,n+1)';
ColorM(1:n+1,2)=linspace(1,0.5,n+1)';
ColorM(1:n+1,3)=0.5;
% 在同一步骤中，计算各正方形的颜色值
for i=1:size(M,1)
% 用储存的各正方形的信息反复画图
cx=M(i,1);
% 最终基准垂直点的 x 坐标
cy=M(i,2);
% 最终基准垂直点的 y 坐标
theta=M(i,3);
% 定义旋转的角度
si=M(i,4);
% 正方形一边的长度
R=RT(theta);
% 生成旋转矩阵
x=si*[0 1 1 0];
% 旋转前从基准垂直点开始逆时针方向按次序各垂直点的 x 坐标
y=si*[0 0 1 1 0];
% 旋转前从基准垂直点开始逆时针方向按次序各垂直点的 y 坐标
pts=R*[x;y];
% 旋转后的正方形的各垂直点坐标
fill(cx+pts(1,:),cy+pts(2,:),ColorM(M(i,5)+1,:));
% 平行移动旋转后的正方形的基准垂直点和最终基准垂直点之间的距离长度
end
axis equal off;
```

图像结果如彩图 17 所示，为生成的毕达哥拉斯树。

参考文献

[1] Joseph Kirk. Traveling Salesman Problem : Genetic Algorithm, MATLAB Central File Exchange,2014. Retrieved August 20, 2017.

[2] Sarah Bricault, http://bricault.mit.edu/recursive-drawing